面向风险预警机制的复杂水库群
供水调度规则研究

万 芳 著

科学出版社

北 京

内 容 简 介

本书全面系统地论述了面向风险预警机制的复杂水库群供水优化调度,建立了供水水库群的三层规划模型,并对供水预警系统进行了分析。为提高水资源调控水平和保障供水能力,解决我国水资源时空分布不均的问题,须实施跨流域调水,由于调度具有复杂性、动态性,跨流域调水成为国内外专家研究的热点和难点问题。全书共 7 章,首先介绍了研究对象——滦河流域的概况及供水区的基本情况,通过对入库径流规律的分析及区域水资源供需的预测,建立了供水水库群优化调度三层规划模型,然后制定了水库群共同供水任务分配规则,最后基于决策者的不同风险偏好,对水库群供水预警系统及其准确度进行了分析和研究。

本书可供从事水资源系统规划、水库优化调度、水资源优化配置和工程管理等专业的研究生、科研人员、大中专院校师生及关注水利行业发展的读者参考使用,也可为干旱预警、洪水预警等水库管理部门的工作提供参考和借鉴。

图书在版编目(CIP)数据

面向风险预警机制的复杂水库群供水调度规则研究/万芳著.—北京:科学出版社,2019.11
ISBN 978-7-03-063150-3

Ⅰ.①面… Ⅱ.①万… Ⅲ.①水库调度-研究 Ⅳ.①TV697.1

中国版本图书馆 CIP 数据核字(2019)第 244907 号

责任编辑:姚庆爽 / 责任校对:郭瑞芝
责任印制:吴兆东 / 封面设计:蓝正设计

科 学 出 版 社 出版
北京东黄城根北街 16 号
邮政编码:100717
http://www.sciencep.com

北京中石油彩色印刷有限责任公司 印刷
科学出版社发行 各地新华书店经销
*
2019 年 11 月第 一 版 开本:720×1000 B5
2019 年 11 月第一次印刷 印张:9 1/2
字数:200 000
定价:88.00 元
(如有印装质量问题,我社负责调换)

前　言

我国虽然水资源丰富,但时空分布不均,水资源供需矛盾日益突出,水资源合理分配及可持续发展是实现社会、经济与生态环境可持续发展的关键问题。我国是世界上水旱灾害频发且影响范围较广泛的国家之一。当今世界面临着人口、资源和环境三大问题,水已经成为最关键的问题之一,而且洪涝灾害、干旱缺水、水环境恶化已经成为制约我国社会经济发展的重要因素。随着社会经济的迅速发展,我国已建成很多大型水库工程,水库调度是一个传统的研究课题,水资源合理配置是学术界普遍关注的问题,合理调度水资源是维持水资源系统良性循环和流域水管理的重大科学实践问题。

为提高水资源调控水平和保障供水能力,解决我国水资源时空分布不均及与经济布局不匹配的问题,实施跨流域调水,从而使水资源高效利用并改善生态环境,能够促进区域经济社会可持续发展。本书结合滦河下游水库群,对水库径流规律、水库间丰枯补偿及水资源供需水进行了分析,建立了水库群供水优化调度三层规划模型,研究了能够提高计算效率与计算精度的模型求解方法,同时对串联、并联水库群共同供水任务分配规则进行研究,最后,对水库群供水预警系统进行了研究和分析,主要取得了以下研究成果:

(1)在介绍滦河流域自然地理情况和水文气象情况的基础上,对滦河六水库的地理位置、主要工程特性和各供水区的供给关系、供需水情势进行了简要分析,为水库群供水优化调度奠定了基础。

(2)分析了水库间丰枯补偿特性。建立基于蚁群优化的神经网络模型,对滦河流域供需水情况进行了预测;建立混合 Copula 函数分布模型,对潘家口水库与下游几个水库的丰枯遭遇,以及水库间的相互补偿特性进行了分析。结果表明,滦河流域各水库间具有一定的丰枯补偿能力,为水库群联合供水调度提供了有利依据。

（3）建立了水库群供水优化调度的三层规划模型。针对大规模跨流域水库群供水调度中调水、引水、供水三者之间复杂性、动态性和不确定性的特点,本书在二层规划模型的基础上,应用博弈论原理,建立了跨流域水库群供水调度规则的三层规划模型,从深层次揭示了水源水库（群）与受水水库（群）在调水、引水及供水规则之间主从递阶层次的独立性及相互关联性;结合水库群供水调度的特点,将粒子群优化算法和免疫进化算法进行有效耦合,提出了基于免疫进化的粒子群优化算法,并应用于水库群供水联合调度的模型求解中。

（4）跨流域水库群共同供水任务分配问题的研究。本书应用优先度原理对串联水库群共同供水任务进行分配,既能减少水量损失,又可缩短供水流达时间;并通过解析不同调度时段并联水库群系统蓄水量在成员水库间的分布情况,拟定合理的平衡曲线,制定并联水库群共同供水任务的分配比例,以缺水率最小为目标函数建立优化模型对分配规则进行修正,并采用基于免疫进化的粒子群优化算法对模型进行求解。

（5）对水库群联合供水预警系统进行了研究。建立了供水预警指标;提出了水库不同缺水情况下的预警灯号,以及不同预警灯号下的缺水预警指标和供水预警系统的风险分析方法;给出了水库供水不足时采取的供水应变措施。将这些理论应用于滦河水库群供水优化调度中,结果表明,本书建立的水库供水预警系统简单实用,可使供水区缺水损失最小,并提高水资源利用率,对实际生产调度具有一定的指导作用。

综上所述,面对风险预警机制的复杂水库群供水优化调度,针对大规模跨流域水库群供水调度中调水、引水、供水三者之间复杂性、动态性和不确定性的特点,本书建立了水库群供水优化调度的三层规划模型,并对共同供水任务进行分配。本书的研究能为大规模跨流域水库群制定合理的供水策略,为规避不确定性风险提供调度依据,具有重要的理论意义和良好的应用前景。

本书由国家自然科学基金青年科学基金（51509089、51879106、51709111）、水资源高效利用与保障工程河南省协同创新中心、河南省水环境模拟与治理重点实验室(2017016)、河南省科技创新杰出青年支持计划（184100510014）和河南省高校科技创新团队支持计划(20IRTSTHN010)联合资助。

本书的编写得到了黄强、邱林、聂相田、吴泽宁、王文川、原文林、王富强教授的指导与关怀,此外科学出版社姚庆爽编辑也给予了大力支持,使本书得以顺利出版,在此深表谢意！本书在编写的过程中参阅并引用了大量的文献,在此对这些文献的作者表示诚挚的感谢！

由于作者水平有限,书中难免存在不妥之处,恳请广大读者给予批评指正。

目　　录

前言

第1章　绪论 ………………………………………………… 1

1.1　引言 ………………………………………………………… 1

1.2　我国水资源现状 …………………………………………… 1

1.3　跨流域供水调度的意义 ………………………………… 2

1.4　水库群供水优化调度研究进展 ………………………… 4

    1.4.1　跨流域供水水库群调度规则研究 ………………… 4

    1.4.2　成员水库间共同供水任务分配研究 ……………… 6

    1.4.3　风险预警机制研究 ………………………………… 7

    1.4.4　模型求解方法研究 ………………………………… 9

1.5　主要研究内容 …………………………………………… 10

1.6　小结 ……………………………………………………… 13

第2章　滦河流域概况及供水区基本情况 ………………… 14

2.1　引言 ……………………………………………………… 14

2.2　流域概况 ………………………………………………… 14

    2.2.1　自然地理情况 …………………………………… 14

    2.2.2　水文气象情况 …………………………………… 16

2.3　引滦工程简介 …………………………………………… 17

2.4　小结 ……………………………………………………… 26

第3章　入库径流规律分析及区域水资源供需预测 ……… 28

3.1　引言 ……………………………………………………… 28

3.2　潘家口水库来水规律分析 ……………………………… 28

    3.2.1　来水的年内分配特点分析 ……………………… 28

    3.2.2　径流的年际变化 ………………………………… 29

    3.2.3　径流代际的变化 ………………………………… 31

3.2.4 径流丰枯变化情况 ································· 32

3.2.5 年型的转移概率统计分析 ····················· 33

3.3 引滦水库群径流的丰枯补偿特性分析 ················ 35

3.3.1 基于混合 Copula 函数分布模型 ················ 36

3.3.2 潘家口与陡河、于桥水库的丰枯遭遇分析 ······· 41

3.3.3 潘家口与桃林口水库的丰枯遭遇分析 ··········· 45

3.4 基于蚁群优化的神经网络的供需水预报模型 ·········· 46

3.4.1 水文预报的主要方法简介 ····················· 47

3.4.2 基于蚁群优化的 BP 神经网络 ················· 49

3.5 入库径流的中长期预测 ···························· 55

3.6 滦河流域需水预测 ································· 63

3.6.1 城市生活需水预测 ·························· 63

3.6.2 城市工业需水量预测 ························ 65

3.6.3 滦河下游农业需水量预测 ····················· 67

3.7 小结 ··· 68

第4章 供水水库群优化调度三层规划模型 ·············· 69

4.1 引言 ··· 69

4.2 供水水库群优化调度三层规划模型的建立 ············ 70

4.2.1 上层调水模型 ····························· 71

4.2.2 中层引水模型 ····························· 72

4.2.3 下层供水模型 ····························· 72

4.3 小结 ··· 75

第5章 水库群共同供水任务分配规则 ················· 76

5.1 串联水库群共同供水任务分配规则 ················· 78

5.2 并联水库群共同供水任务分配规则 ················· 80

5.2.1 基于平衡曲线的分配规则 ····················· 80

5.2.2 平衡曲线的确定 ····························· 83

5.3 小结 ··· 86

第6章 水库群联合供水调度规则研究 ················· 88

6.1 引言 ··· 88

6.2　水库群供水优化调度模型的求解算法研究 ················ 88
　　6.2.1　改进布谷鸟算法 ···································· 89
　　6.2.2　基于免疫进化的粒子群算法 ······················ 95
6.3　三层规划模型的求解 ·································· 101
6.4　实例计算及分析 ······································ 102
　　6.4.1　实例研究对象 ································· 102
　　6.4.2　计算结果及分析 ······························· 104
6.5　小结 ·· 113
第7章　水库群供水预警系统研究及其准确度分析 ············ 115
7.1　引言 ·· 115
7.2　水库群供水调度操作规线 ······························ 115
　　7.2.1　时段入库径流超越概率 ·························· 116
　　7.2.2　水库供水操作规线 ···························· 116
7.3　供水预警指标 ·· 116
　　7.3.1　现状水库供水指标 D 的确定 ·················· 116
　　7.3.2　未来水库供水水情指标 S 的确定 ·············· 118
　　7.3.3　供水预警指标的计算 ·························· 118
7.4　供水应变 ·· 121
7.5　供水预警系统的风险和准确度分析 ····················· 121
　　7.5.1　供水预警的风险分析 ·························· 121
　　7.5.2　供水预警的准确度分析 ························ 124
7.6　实例分析 ·· 126
7.7　小结 ·· 134
参考文献 ·· 135

第1章 绪 论

1.1 引 言

本书主要研究面向风险机制的复杂水库群供水调度,本章在介绍我国水资源现状的基础上,论述大规模跨流域水库群供水调度的目的与意义,分析水库群供水优化调度的研究进展,包括跨流域供水水库群调度规则的研究、成员水库共同供水任务分配规则、风险预警机制研究及模型的求解方法。

1.2 我国水资源现状

我国水资源时空分布不均,供需矛盾日益突出,水资源合理分配及可持续发展是实现社会、经济与生态环境可持续发展的关键问题。随着社会经济的发展、人口的增加,很多地区不同程度地出现了供水危机,而且水多、水少、水脏已成为制约我国社会经济发展的重要因素。合理调度水资源是维持水资源系统的良性循环和流域水管理的重大科学实践问题,日益严重的水资源短缺迫使研究水库群联合供水调度,采用非工程措施充分发挥各水库的调蓄能力,使库中水量得到最优化配置,蓄丰补枯可增加枯水期缺水地区的供水量,从而既能保障城市生活用水又最大限度地确保工农业用水,尽量减少缺水造成的损失。

我国处于季风气候区,受热带及太平洋低纬度温暖、潮湿空气等的影响,东南、西南及东北地区有充沛的降雨量,但由于受气候及地形的影响,降雨多集中在夏季7~9月份,经常造成洪水灾害,而在1~3月份降雨减少。因此,流域水资源优化配置需要依靠水利工程——水库进行有计划的调节,通过蓄丰补枯、跨流域调水等手段缓解洪涝灾害。水资源优化配置可按照可持续性、公平性、有效性和系统性的原则,遵循生态规律及社会经济规律,对一些流域上不同形式的水资源,通过各种工程和非工程措施,有效增加供水、积极保护生态环境等手段和方法,在社会经济用水之间、区域之间、经济各部门用水之间进行科学的调配,尽可能提高流域整体的用水效率,降低缺水损失,促进流域水资源的可持续利用、区域的可持续发展和生态系统的健康稳定。

水资源的需求对象很多,其中以满足基本生活需水为前提、保障基本生态环境需水为出发点、合理规划生产需水为目的,实现水资源的可持续利用,促进社会经济、生态环境与资源的协调健康发展。其配置的核心内容具体包括以下几个方面:①水量平衡。水量平衡是水库供水调度和管理的基本要求,它贯穿于水资源优化配置的始终。这其中包括研究区域水资源总量的科学计算、时空分布规律分析及水资源构成统计;其次分析研究区域可开发利用的水资源总量,在水库供水调度的整个过程中都必须满足水资源配置总量小于或等于区域可利用水资源总量,以实现区域水量平衡。②供需协调。供需分析是水库供水调度的重要内容,水库供水调度的目的就是要进行水资源的供、需协调,使之最大限度地满足水资源的需求量,保证社会经济的高速稳定发展,同时需水量不能超过区域水资源本身的供水能力,需水分析主要包括生态环境需水、生活需水和生产需水三部分。③四水转换。四水是指降水、地表水、土壤水和地下水,它们互相依存、互相转换、关系复杂,在水资源配置中必须分别对待,合理利用,需要准确计算水量,且避免重复,同时,针对研究区域的特点综合分析各种水源的合理开发利用模式。④时空调节。由于水资源的形式多种多样,降水、洪水等的发生具有随机性,同时还具有量大时短的特点,为此修建了大量的水利工程,如水库,通过水库的合理调度可以达到削峰减洪、蓄水调水的目的,从而解决来水与用水之间的时间分布不协调问题;另外,在很多地方存在水资源量在空间上分布不均的状况,通常通过跨流域调水,可将水资源丰富地区的水量调入缺水地区。

1.3　跨流域供水调度的意义

随着我国江河湖库水系连通工作的推进,为提高水资源调控水平和保障供水能力,解决我国水资源时空分布不均与人口分布、经济布局不匹配的问题,实施跨流域调水,对于水资源高效利用,改善生态环境,以及促进区域经济社会可持续发展,具有重要的社会经济意义。

跨流域水库群供水调度是跨流域调水的一项重要内容,由于其在时空上水力和水量的复杂、动态性,该问题成为了国内外专家学者研究的热点与难点问题。因此,制定科学、合理、有效的大规模跨流域水库群供水调度规则,为调度决策者提供理论依据,对于发挥工程最佳效益,具有重要的科学研究价值。

大规模跨流域水库群供水调度受诸多外在、内在因素和条件的制约,是一项挖掘水库非工程潜力的系统工程。水库群供水调度规则由于具有将调度计算内容简化的特点,提高了调度方案的可操作性,在工程实践中得到了广泛的应用。然而,随着供水水库、受水水库维数的增加,水库群与用水部门之间调水、引水、供水存在内在的物理逻辑关系,使得调度问题复杂。因此,建立和完善适合当前大规模跨流域水库群供水调度规则的理论体系,成为了解决水资源优化配置的关键科学问题之一。

水库入库径流的随机性和径流预报技术的限制,增加了水库群供水调度的不确定性和风险性。虽然近年来水库群供水调度研究成果丰硕,但理论研究成果难以应用于工程实践中,究其原因,主要由于入库径流、水源水库(群)和受水水库(群)在调度时间与调水量、缺水风险率、供水破坏深度等众多不确定性因素共同作用下,理论研究成果难以全面反映客观现象、体现决策者的主观意愿。因此,在调度决策过程中,基于跨流域水库群供水调度风险分析,结合调度规则,对于未来时段入库径流的乐观与悲观性估计,融入调度决策者的风险偏好和利益倾向,建立跨流域水库群供水调度规则与风险预警机制耦合模型,是大规模跨流域水库群供水调度理论研究成果能够有效指导调度决策的关键科学问题之一。

本书期望从深层次揭示跨流域水库群供水调度中调水、引水、供水三者之间内在的逻辑关系,通过分析调度过程中的不确定特征和风险因素,结合实际问题,研究更加科学、合理且便于实际应用的跨流域水库群供水调度规则及风险预警机制。因此,开展跨流域水库群供水调度规则及风险预警机制研究,对于完善跨流域水库群供水调度的理论体系、规避调度不确定性风险和实现供水调度风险与效益的最佳平衡、提高水资源利用率,具有重要的科学研究价值和实践意义。

1.4　水库群供水优化调度研究进展

水库群优化调度是一个具有各类约束条件的大型、动态的复杂非线性系统优化问题。社会经济的发展对大规模跨流域水库群供水优化调度的研究提出了更高的要求,跨流域调水工程能够有效缓解水资源时空不均及社会需水的不平衡性,是解决资源性缺水的一项重要举措,因此,其相关的科学问题引起了国内外专家学者的广泛关注,在近年来取得了丰硕的理论研究成果。但对于当前大规模跨流域水库群供水调度,存在水库数量多,水力、空间关系复杂等问题。因此,研究能够兼顾计算精度与效率的模型求解方法,制定能够统筹考虑调水、引水、供水三者内在联系的调度规则,研究为平衡调度效益和调度风险的供水调度风险预警机制,成为目前跨流域供水水库群优化调度面临的主要关键科学问题。

1.4.1　跨流域供水水库群调度规则研究

跨流域调水作为资源性缺水的非工程措施,在解决水资源时空分配不均问题中发挥了重要作用,同时,良好的调度规则是实现水库群调水的基本依据。Labadie[1]通过对美国水库群系统的优化运行研究,认为新的大型蓄水工程的建设,必须把重点放在提高运行效率上,最大限度地发挥现有工程的效益。因此,在优化建模的基础上,要制定合理的水库调度规则指导水库运行及为决策者提供理论依据。但水库群联合调度规则种类繁多、关系复杂,相互影响又相互制约,是水库供水调度研究的热点与难点问题,故制定科学合理的跨流域水库群调度规则是理论研究与决策实施的有机融合。

调度规则通常以调度图或调度函数等形式体现。郭旭宁等[2]针对双库库群联合供水调度规则问题,提出了一种基于水库调度图的水库群联合供水优化调度方法,并采用粒子群优化算法对调度图关键控制点位置进行优化;张皓天等[3]基于跨流域引水的连通条件下受水区供水水库及库群的优化调度问题,对研究区径流演变规律及用水特点进行分析,应用调度图制定了水库(群)引水与供水联合调度规则;刘莎等[4]对通过跨流域引水后受水水库优化调度图进行了研究,给出了供水联合调度图的基本形式及其使用规则;许银山等[5]建立了等效水库的调度函数模型,采用逐步回归分析提取调度规则;曾祥等[6]根据水库蓄水状态对跨流域供水水库群调水启动标准进行了研究;李昱等[7]根据水库群的拓扑结构和共同供水目标的分布情况,分层构建了两个虚拟聚合水库和相应的联合调度图及水库群联合调度模型,并采用改进遗传算法对模型进行优化求解,得到相应联合调度规则。

随着社会经济的迅速发展,大规模跨流域供水水库群逐渐形成,对其进行综合调度和运行决策管理变得越来越复杂,二层规划模型(调水规划模型、供水规划模型)逐步应用于大规模跨流域水库群调水规则中。郭旭宁等[8]针对跨流域供水水库群联合调度存在的主从递阶结构,建立了水库群联合调度二层规划模型,对联合调度规则进行了提取;谷长叶等[9]提出了一种有序的供水调度规则,并基于供水过程动态博弈的特征,建立了水库对多个用水部门有序供水的二层规划模型。

二层规划模型在水源水库、受水水库数目较少的情况应用较广泛,但对于大规模跨流域水库群,由于水源水库(群)、受水水库(群)数量较多,水力、空间、时间关系复杂,供水调度时机和调水量、引水分配及合理有序供水等一系列问题,二层规划模型难以进行客观反映。20 世纪 80 年代受到博弈论中施塔克尔贝格(Stackelberg)模型[10]的启发,多层规划模型引起众多学者的关注,在经济领域中取得了一定的进展,刘坤等[11]考虑电力系统中政府、电力企业和生产企业对电力定价问题的相互影响,建立了电力定价的三层规划模型。针对二层规划模型中制定供水规则的问题,统筹考虑调水、引水、供水间的内在联系,应用多层规划模型制定大规模跨流域水库群供水调度规则,是该领域研究的发展趋势。

1.4.2 成员水库间共同供水任务分配研究

目前,将水库群虚拟聚合及调度图作为指导水库运行的工具以制定供水决策方法,被视为水库群联合调度的最佳方法之一。王德智等[12]基于大系统聚合分解理论,设计了一种对供水水库群聚合分解协调算法,对供水量进行优化配置;郭旭宁等[13]针对观音阁—葠窝—汤河水库组成的混联水库,应用改进粒子群算法对水库群调度模型决策变量进行多目标优化,编制联合调度图,并优化确定成员水库供水任务分配因子,结合水库群调度规则,实现成员水库间的供水任务分配;吴恒卿等[14]对通过跨流域引水后受水水库优化调度图研究,给出了供水联合调度图的基本形式及其使用规则;Turgeon[15]针对串联水库群,将 n 座水库虚拟聚合,简化为第 1 座和 $n-1$ 座水库,降低水库优化维数,采用逐步迭代对供水量进行优化;李昱等[16]分层构建了两个虚拟聚合水库和相应的联合调度图及水库群联合调度模型,并采用改进遗传算法对模型进行优化求解,对共同供水任务分配问题进行研究,得到相应的供水调度图。

复杂水库群的多用水户、多水库和多目标的复杂性限制了调度图在供水调度中的应用,尤其将有共同供水任务的水库虚拟聚合后,如何确定由哪个水库对公共供水区进行供水是目前研究的热点问题,也是本书研究的关键问题之一。目前,共同供水任务的成员水库间供水量分配主要采用分水比例法与补偿调节法。虚拟聚合水库,当各成员水库水文特征相似、丰枯补偿关系不明显时通常采用分水比例法;补偿调节规则适用于水库调节能力相差明显的库群系统,调节能力大的水库尽量先蓄后放,调节能力小的一般先放后蓄。Nalbantis 等[17]建立线性模型将水库群系统供水量按分水比例分配至各成员水库,以明确各调度时段每个成员水库的供水任务;Chang 等[18]利用补偿调节方式对台湾的翡翠水库、石门水库进行供水调度;郭旭宁等[13]提出成员水库供水任务分配因子的概念,即成员水库在调度时段的目标蓄水量与虚拟聚合水库本时段蓄水量的比值,使水库群供水任务在成员水库间得到有效分配;方洪斌等[19]通过分析库群系统的蓄水量空间分布特征,拟定平衡曲线形式,描述调度时段末系统总蓄水量与各库理想蓄水量之间比例关系,指示系统蓄水量在并联水库群中的最佳分配;胡铁松等[20]对并联供水水库蓄水量空间分布特性进行了研究,提出了水库调节能力指数和补偿调节库容阈值的概念,从理论上推导了双库并联系统蓄水期和供水期蓄水量的空间分布规则;曾祥等[21]建立了并联供水水库系统调度规则优选的模拟-优化模型,将多库两阶段调度模型作为子模型进行模拟,对并联供水水库调度规则进行解析。这些供水原则存在其线性描述与具有供水约束或独立用水户的复杂系统难以结合等问题,水库群共同供水任务如何在水库间进行合理分配是影响供水调度效果的重要因素,但目前关于共同供水任务分配规则的研究较少,因此,需进一步讨论共同供水任务在成员水库间合理供水分配方法。

　　水库群供水量分配研究较多的是如何得到合理配置结果,然而,共同供水任务的成员水库间如何蓄水,既能减少水量损失,又能及时准确、公平合理地向各供水区供水,是一个值得研究的关键问题。同时对于供水水库群之间存在不同的水力关系(串联水库群或并联水库群),通过共同用水户相互联系,其分配规则各不相同,故本书在充分考虑库群联合调度能力的基础上,分别对共同供水任务的串联水库群、并联水库群供水量优化分配进行研究。

1.4.3　风险预警机制研究

　　近年来,针对水库群优化调度的研究越来越多,为优化调度方案的制订提供了良好的理论支撑。但水库调度决策与风险评价技术的研究进展缓慢,且大多都只关注某一部门或某几个部门的调度风险,难以真实完整地考虑水库群这一复杂大系统各目标间内在的联系及相互影响、转变的规律,以及不确定性水文条件的变化。因此研究基于风险评估的供水系统风险预警机制,对于提高调度方案的可操作性具有重要的意义。

　　目前,国内外学者对水库群供水风险的研究,主要集中在供水风险指标的定义与选取方面,Kjeldsen等[22]提出了选择供水风险指标的相关建议;付湘等[23]运用水库常规调度和优化调度模型,从水电站发电和下游生态需水的可靠性、可恢复性、脆弱性和防洪调度权转移风险出发,建立了基于综合利用水库调度模型的调度性能风险评价指标体系;王丽萍等[24]结合水库调度的各个效益指标,构建了水库调度风险评价指标体系,提出了风险指标体系权重的确定方法。

由于水库调度的复杂性及水库的综合利用功能,在未来的水库调度风险分析研究过程中必然涉及各种类型和各个方面的风险估计,同时考虑的风险因素之间也可能具有复杂的联系,如何在现有风险估计方法的基础上,对风险程度进行预警,目前国内外相关研究成果较少。

相关水库调度风险预警系统的研究是从洪灾风险开始的[25-28],Huang 等[25]对台风期间水库实时洪水预警模型进行研究,应用遗传算法对洪水调度过程线进行求解,指导了水库实时运行;陈娟等[26]提出调洪过程中各时刻的风险描述方法及整个洪水过程的总风险率定量计算方法,研究水库防洪调度中不确定性因素对水库安全的影响;Tuncok 等[27]将洪水预警系统应用于土耳其流域系统。在干旱预警等方面的研究也较多[29-33],其中 Zhang 等[31]从地理、气候学角度研究了中国西北玉米干旱的预警灾害,建立了干旱灾害风险预警模型,预警干旱灾害的玉米生长阶段的表现程度;Liu 等[32]结合降水与地下水关系,研究了干旱预警系统,可为灌区抗旱管理提供依据。

在供水预警方面,常福宣等[34]通过风险源识别辨析了汉江中下游干流区供水的主要影响因素,分析计算了汉江中下游干流区供水风险对各主要影响因素的敏感性;习树峰等[35]建立了考虑降雨预报的跨流域调水供水调度模型,并分析供水风险评价指标,对跨流域调水供水调度模型进行风险评估,利用指标权重向量(由决策者经验确定)确定总体风险,但难以对风险程度进行描述;郭旭宁等[36]以供水风险最小为目标函数,构建水库群供水优化调度模型,以中国北方某并联供水水库群为例,对调度规则控制下水库群供水能力与相应风险进行了分析,在对水库群供水风险的描述上,利用供水保证率来度量,具有一定的局限性;曹升乐等[37]基于对用水总量的控制,提出了水库供水点预警与过程预警的概念,给出了中型水库预警的定量确定办法,但以水库可供水量进行预警管理,将水库蓄水量与警戒线对比得到预警结果,没有充分考虑水库供水调度的各种随机性、不确定性的风险因素。万芳等[38]根据对未来水情的估计,建立了水库供水预警系统,但枯水年的预警准确度较低,故需要对供水预警模型作进一步研究以提高各不同水平年的预警准确性。

跨流域水库群供水优化调度的不确定因素众多,既有来水与用水的不确定性,又有多水源水库、受水水库在调度时间与调水量、缺水风险率、供水破坏深度等一系列不确定因素。作为一个高维、复杂的水资源配置系统,在众多不确定性因素的合力作用下,置调度决策者于各种风险之中,如何对不确定性因素进行风险过程描述与辨识,明晰各个因素之间的内在联系,规避水库群供水调度决策风险,是目前该领域亟须解决的一个关键科学问题。

1.4.4　模型求解方法研究

随着水库群、供水区数目的增多,在跨流域调水的多目标、多水源、高维数、水力联系的复杂性等诸多因素的制约下,水库群优化调度的最优运行过程,很难单独依靠某种优化方法直接得到。随着仿生智能技术的发展,Li 等[39]将改进遗传算法与模拟退火算法进行耦合,对多水库优化调度模型进行求解,该算法能够克服过早收敛以及避免陷入局部最优解;Hosseinpourtehrani 等[40]提出了一种基于模糊模型的非线性规划,应用于多种作物的水库灌溉优化调度中;Ostadrahimi 等[41]提出并测试了一系列水库群系统的操作规则,并采用粒子群优化算法与参数的仿真模拟-优化求解。

随着计算机技术的发展,很多具有全局优化性能、通用性、鲁棒性的并行启发式算法应用于水库群调度中,Guo 等[42]应用改进非支配排序的粒子群优化算法解决水库群多目标调度问题,并将其应用于太子河流域;黄草等[43]研究建立了包含发电、河道外供水和河道内生态用水等目标的非线性优化调度模型,以逐步优化算法为基础,引入优化窗口和滑动距离两个参数,提出了扩展型逐步优化算法以提高非线性模型的求解效率与效能;彭安帮等[44]为提高跨流域调水条件下大规模复杂水库群优化调度的计算效率和求解精度,采用并行粒子群算法进行联合调度图模型的多核并行求解。

水库调度是一个多阶段决策问题,模拟-优化技术被广泛应用于水库调度领域,曾祥等[45]建立了并联供水水库系统调度规则优选的模拟-优化模型,该模型将多库两阶段调度模型作为子模型进行模拟,优化多库两阶段调度模型的时序参数,采用多种群混合进化的粒子群算法进行参数优选;Li 等[46]应用遗传算法、动态规划模型对水库群调度规则进行研究,同时采用参数化仿真方法对模型中参数进行优化。

水库群优化模型的求解由单一模型向耦合模型发展,由传统的线性、非线性规划发展到遗传算法、蚁群算法等仿生智能算法及其改进混合算法。针对目前算法中解的不确定性、参数众多并难以确定等问题,研究一类适宜于大规模跨流域水库群优化模型的求解方法,以提高模型求解精度与效率,是解决大规模跨流域水库群供水调度的一个关键技术问题。

1.5 主要研究内容

针对研究目标,以复杂系统分析和科学理论为基础,采用理论研究与数学仿真计算相结合的方法,主要研究以下三方面内容。

1) 复杂水库群供水调度三层规划模型的建立

复杂水库群供水调度决策问题由三个具有层次性的决策系统组成,上层水源水库(群)的调水规则、中层受水水库(群)的引水规则、下层对于供水区用水部门的供水规则,各层次具有相对的独立性及相互关联性,上、中、下三层均有各自的目标函数和约束条件,高层目标函数不仅与本层决策变量有关,还依赖于其他低层的最优解,低层问题的最优解又受高层决策变量的影响,建立三层规划模型,提取复杂水库群供水调度规则,揭示三层规划之间主从递阶层次关系及动态关联性,是复杂水库群供水调度首先要解决的关键科学问题。

2) 共同供水任务在成员水库间分配问题研究

水库群共同供水任务如何在水库间进行合理分配是影响供水调度效果的重要环节,也是调度的关键及难点。共同供水任务的水库群供水分配受水库群补偿特性、拓扑结构、虚拟聚合方式、成员水库特征属性、供水任务等多方面影响,因此,复杂水库群供水分配主要进行以下两方面研究。

（1）串联水库间分配问题研究。

串联水库间存在明显的上下游水力关系,合理确定上游水库对下游水库的下泄水量,共同供水任务的成员水库间如何蓄水,既减少水量损失,又能及时准确向供水区供水是串联水库群合理配水的关键问题,本书应用优先度原理,对共同供水任务在串联水库间合理分配进行研究。

（2）并联水库间分配问题研究。

并联水库间由于没有直接的水力关系,只是通过共同供水任务联系起来,因此并联水库群共同供水任务的分配问题一直是库群联合调度的研究重点,本书应用平衡曲线原理,探讨空间蓄水量的合理分布形式,对并联水库分配问题进行研究,使并联水库群无论在汛期还是非汛期,保证水库间的弃水概率尽可能相等。

3）复杂供水水库群调度风险预警机制研究

（1）水库群调度风险预警机制研究。

复杂水库群在调度过程中风险因素众多,本书应用概率论和数理统计方法对水库群供水调度进行风险因子辨识、风险过程描述,分析供水调度风险因素的内在联系。同时应用模糊数学中模糊综合评价原理和信息熵原理,确定水库现状和未来供水指标、水库供水预警决策指标;结合供水调度操作规线,基于对未来时段入库径流不确定性因素估计的乐观性和悲观性,融入决策者的利益倾向和风险偏好,建立复杂供水水库群调度风险预警决策机制,制定不同利益倾向和风险偏好下的最佳供水调度策略,并对预警系统的准确度进行分析和评估,是本书研究的核心问题。

（2）水库群供水调度规则与风险预警机制的耦合模型研究。

以调度时段内的供水区缺水量和期末水库蓄水位为预警量值,通过水库群供水计划与供水优化调度预警机制的耦合,建立水库群供水调度规则与风险预警机制的耦合模型,对供水调度计划进行宏观总控、实时决策和滚动修正,并根据供水预警系统风险评价制定相应的实时应变调控措施,从而实现对水库群供水调度的"决策—实施—修正—再决策—再实施"的滚动修正策略,提高供水调度方案的可实施性和有效性,是本书研究成果应用于生产实践的关键问题。

本书综合应用运筹学、模糊数学、数理统计学及水文学等相关知识,以理论分析为基础,采用计算机仿真模拟手段,研究复杂供水水库群调度规则与风险预警机制的相关问题。其研究技术路线如图 1.1 所示。

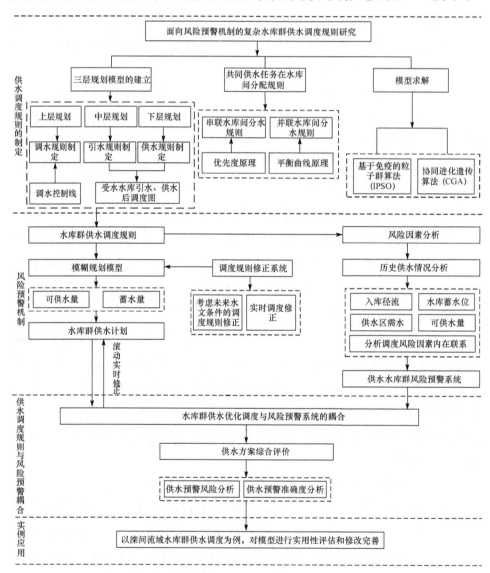

图 1.1　技术路线图

1.6　小　　结

　　本章在论述水资源时空分布不均的基础上,分析水库群联合供水调度已经成为水资源合理分配问题的一个重要解决途径的背景上,基于我国水资源现状,在系统总结国内外关于供水水库群调度规则、成员水库间共同供水任务分配及预警系统研究的基础上,提出了本书主要研究内容和技术路线。

第2章 滦河流域概况及供水区基本情况

2.1 引 言

本书以滦河流域水库群为研究对象,本章在介绍滦河流域自然地理情况、水文气象情况的基础上,对引滦工程进行介绍,主要包括:潘家口水库、大黑汀水库、引滦枢纽闸、引滦入还输水工程、邱庄水库、引还入陡输水工程、陡河水库、桃林口水库。

2.2 流域概况

2.2.1 自然地理情况

滦河发源于河北省丰宁县巴颜图古尔山麓[47-48],流经河北省、内蒙古自治区、辽宁省的27个市、县、区,于河北省乐亭县兜网铺注入渤海,全长888km,流域面积44600km²,其中山区占98%,平原占2%。滦河流域位于华北平原东北部,北部以苏克斜鲁山、七老图山、努鲁尔虎山及松岭为界,与西拉木伦河、老哈河、大凌河、小凌河、洋河相邻,西南以燕山山脉为界,与潮白河、蓟运河相邻,南临渤海。流域自西北至东南长435km,平均宽度103km,流域地势平坦,植被较好。

滦河自坝上高原汇集燕山、七老图山、阴山东端水流,支流众多,水量丰沛。沿途汇入的常年有水支流约500条,其中河长20km以上的一级支流33条,总长2402km。二级、三级支流48条,总长1522km。在一级支流中,流域面积大于1000km²河流有10条,分别是闪电河、小滦河、兴洲河、伊逊河、武烈河、老牛河、柳河、瀑河、洒河和青龙河。其中小滦河、伊逊河、洒河和青龙河水量最大。

小滦河为滦河上游主要支流,发源于塞罕坝上老岭西麓,河长133km,流域面积 2050km², 河道坡降 3.47%。小滦河上源名撅尾巴河,从老岭西麓自东向西流,谷宽 200~400m,至二间房分成股水流,至大脑袋山合成一流,河谷展宽,两岸谷坡平缓,河宽 3m,水深约 0.3m,砂质河床,南流约 3km 折向西,与东来的双岔子河汇合后始称小滦河。小滦河向西南流,过御道口牧场后河谷展宽,汇入红泉河、如意河,在御道口以北纳双子河、卧牛磐河后流出坝上高原进入山区,两岸地势高耸,谷宽 300~500m,河宽约 10m,水深 0.5m,至下洼子向东南流,谷宽一般 300m,河宽约 15m,水深 0.7~1.0m。在三道营以下流向西南又折向东南,于隆化县郭家屯汇入滦河。

伊逊河发源于河北省围场县哈里哈老岭山麓,河长 203km,流域面积 6750km²,河道坡降 6.8%。伊逊河上源翠花宫沟,南流先后自右岸纳小支流及大翠花宫沟,河谷宽 200~400m,向东南流 4.7km 纳三通窝沟,经小南沟东纳母子沟后,始称伊逊河。伊逊河东南流,先后有前莫里莫沟、大扣花营沟、五道川、甘沟等注入,至头号纳大唤起河,在小锥子山折向东南,纳直字河,至围场县南左纳湖泗汰沟,右纳吉布汰沟,流至小簸箕掌纳银镇河,南行流入庙宫水库,出库后南流至罗鼓营南左纳榆树林沟,右汇通事营河,向南流经大阴峡谷后折向东南,进入隆化盆地,在闹海附近伊逊河最大支流蚁蚂吐河自西北注入,河流量大增,超梁沟以下河谷变窄,流向受地质构造影响,迂回多变,至杨树沟门以下,河谷展宽,有岔流,至河台子村以南河谷狭窄,流至四泉庄河河谷渐展,水较深,西南流至滦河镇逆滦河流向汇入滦河。

洒河发源于兴隆县章帽子山东八品沟,河流流向为自西向东,河流长 89km,河面平均宽度 50m,沿途流经石庙子、半壁山、兰旗营,并于老龙井关在穿越长城后流入唐山市境内。洒河汇入大黑汀水库于洒河桥以下。该河道比较弯曲,并有很多险滩,由于在该区域中处于暴雨中心,因而水资源量比较丰富,是滦河的主要支流之一。洒河的多年平均径流量为 35000 万 m³,多发生洪水,从 1883 年以来,洒河汉儿庄站洪峰超过 2000m³/s 的洪水有四次,最大的一次为 1894 年,其中洪峰流量达到了 9780 m³/s,所以该河流的洪峰模数均大于流域内其他河流。

滦河流域的另外一个主要支流为青龙河,在滦河流域内水量最大,占到滦河流域总径流量的五分之一有余。青龙河全长 246km,控制流域面积为 6340km²,径流主要以降雨为主,多年平均降雨量为 701mm,年均径流量为 96000 万 m³。青龙河有两个源头,称为南源头和北源头,其中南源头位于河北省平泉县古山子乡,北源头位于东北辽宁省的抬头山乡五道梁子。两个源头在唐山市境内的滦县石梯子流入了滦河。青龙河流域受东亚季风型气候,冬季常常比较干燥、寒冷,下级比较湿热,雨水较多,也是滦河流域内的主要暴雨区之一,从 20 世纪 30 年代以来,桃林口水文站共发生了 5 次大洪水,洪峰流量均超过了 6000m³/s。青龙河支流比较多,支流中全长超过 100km 共有六条,这些支流由于受到夏季雨水的影响,具有暴涨暴落的特点。

2.2.2　水文气象情况

滦河水量较丰沛,但是降水的年际变化较大,最枯年降水量是最丰年降水量的 28%~58%,同时降水的季节分配很不均匀,夏季降雨占全年的 67%~76%。其中在 7、8 月降雨较为集中,占全年降水量的 50%~65%。滦县站多年平均径流量为 46.94 亿 m³,潘家口站的径流量为 24.5 亿 m³。由于降水集中,径流量年内变化很大。汛期 7、8 月份来水量较多,占年总量的一半以上;枯季 1、2 月份来水最少,两月水量之和不足全年的 1/10。

潘家口和大黑汀水库均于 20 世纪 80 年代开始蓄水,因此,水文系列分别以 1980 年为界分为了两个系列。滦河潘家口站水文系列为 1930~1979 年和 1980~1998 年,两个系列中年均径流量分别为 18.42 亿 m³ 和 18.04 亿 m³,最大值分别为 1959 年的 71.37 亿 m³ 和 1996 年的 28.58 亿 m³,最小值分别为 1972 年的 9.64 亿 m³ 和 1981 年的 6.91 亿 m³。

青龙河桃林口站水文系列为 1959~1997 年,沙河冷口站水文系列为 1959~1997 年,前者由于受水库蓄水的影响,径流量有所减少,年均径流量为 7.68 亿 m³,后者年均径流量为 1.11 亿 m³。滦河流域出口控制站滦县在 1930~1979 年系列中,年均径流量为 47.46 亿 m³,其中最大值为 1959 年 127.8 亿 m^3,最小值为 1936 年的 16.05 亿 m^3;在 1980~1997 年系列中,由于受到水库蓄水的影响,年均径流量大幅减少,减少至 24.6 亿 m^3,其中最大值为 159.1 亿 m^3,最小值为 1982 年的 8.67 亿 m^3。

滦河流域 4~10 月的暴雨一般会形成洪水,其中 7 月和 8 月的会有大暴雨情况出现,7 月下旬到 8 月上旬通常会出现最大的洪峰流量。一般情况下,一次洪水可历时 3~6 天,由于受该区域气候的影响,流域内暴雨的特点为强度大、历时短,而且由于该区域地形地面坡度较大,因此汇流时间短,所形成的洪峰偏高,洪水过程线具有偏瘦、偏高的特征。

由于滦河流域暴雨中心较多,洪涝灾害频繁。在潘家口建库之前,1962 年滦县站的洪峰流量达到了 3.4 万 m^3/s,在 1959 年该站的最大 30 日洪量达到了 71.88 亿 m^3。即使 1980 年在流域上游修建了潘家口、大黑汀两座水库进行洪水调节,但在 1994 年该站的洪峰流量也达到了 9200m^3/s。但是最大 30 日洪量的洪水在年际间变化比较大,最大值为 32.62 亿 m^3,最小值为枯水年 1992 年,其洪水峰值只有 159m^3/s,而在建库之前,枯水年 1968 年,其洪水峰值为 407m^3/s。

2.3　引滦工程简介

引滦工程是集城市生活用水、工业供水、农业灌溉、发电、防洪、水环境保护与水生态修复的综合性大型水利工程群。主要包括引滦枢纽工程、引滦入津工程、引滦入唐工程、桃林口水库工程和引青济秦工程,主要任务是向天津、唐山、秦皇岛三市城市生活、工业供水,以及向滦河下游农业供水。

引滦枢纽工程由潘家口水库、大黑汀水库和引滦枢纽闸三部分组成,其主要任务是向天津、唐山两市城市生活、工业供水,滦河下游农业供水,华北电网调峰及事故备用发电,滦河下游防洪及天津、唐山两市环境生态用水。

1. 潘家口水库

潘家口水库占全流域面积的 75%,其控制滦河流域面积为 3.37 万

km²,控制全流域水量一半以上。位于滦河中游,它是整个引滦工程的龙头,拦蓄滦河上游来水。其主要作用是供水,同时兼顾防洪、发电,为多年不完全调节水库。总库容 29.3 亿 m³,兴利库容 19.50 亿 m³,正常蓄水位 222.00m,汛限水位 216.00m,死水位 180.00m。坝址以上年均径流量为 24.5 亿 m³,占全流域年均径流量的一半有余。潘家口水库水位-面积、水位-库容关系如图 2.1、图 2.2 所示。

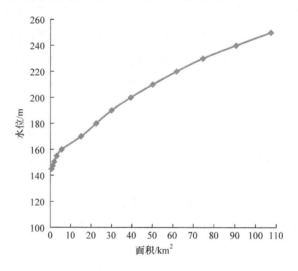

图 2.1　潘家口水库水位-面积关系曲线

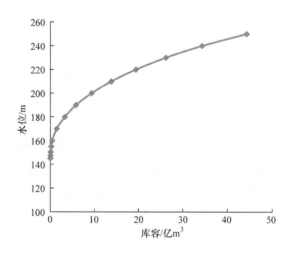

图 2.2　潘家口水库水位-库容关系曲线

2. 大黑汀水库

大黑汀水库位于潘家口水库下游,与潘家口水库相距 30km,大黑汀水库向天津、唐山两市及滦河下游供水。大黑汀水利枢纽控制流域面积 3.53 万 km^2。总库容为 3.37 亿 m^3,有效库容 2.24 亿 m^3。最高蓄水位、正常蓄水位、汛限水位均为 133.00m,死水位 121.50m。其水库水位-面积、水位-库容关系如图 2.3、图 2.4 所示。

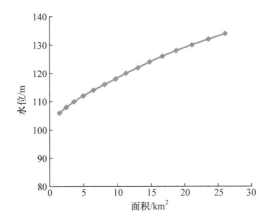

图 2.3　大黑汀水库水位-面积关系曲线

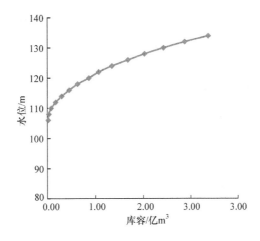

图 2.4　大黑汀水库水位-库容关系曲线

大黑汀水库大坝以上控制流域面积为 3.53 万 km^2,该水库与潘家口的区间流域面积为 1600 km^2。大黑汀水库的总库容为 3.37 亿 m^3,其中兴利库容为 2.24 亿 m³，该水库调节性能为年调节。其防洪标准为百年一遇，校核洪水为千年一遇。大黑汀水库大坝为二级水工建筑物，主坝坝顶长 1.3km，坝高最大值为 52.8m，分为了 82 个坝段，其中在大把中部有溢洪道 28 孔，采用弧形闸门控制，闸门尺寸为 15×12.1m，整个溢洪道的最大泄流量为 60750m³/s。同时在溢洪道右侧设有 8 个底孔，孔口尺寸为 5×10m，采用平板钢闸门控制，闸门尺寸为 5.76×10.05m。大黑汀水库属于潘家口水库的反调节水库，其入库水量有潘家口水库泄流量及两个水库之间的区间来水量，主要作用为抬高流域引水水位，同时结合供水进行发电。

3. 引滦枢纽闸

引滦枢纽闸与大黑汀水库相接，位于其渠首电站下游的 500m 处，主要用于控制调节引滦入津和入唐的流量。引滦枢纽闸右侧设有入津闸，设计流量 60m³/s，引滦枢纽闸左侧设有入唐闸，设计流量 80m³/s，引滦枢纽闸以下分别与引滦入津明渠和引滦入唐隧洞相接。

引滦入津工程由黎河段、于桥水库、州河段、引滦输水明渠和一系列泵站、暗渠组成，主要控制水库为于桥水库。

黎河段是引滦入津工程主要组成部分，输水段由迁西县、遵化市交界处的低山丘陵区至沙河、黎河汇流口，全长 57.60km，最大输水流量为 60m³/s。

于桥水库的流域面积为 2060km²，属于天津市一座最大的大型水库，位于蓟运河的州河上游出山口处，其中占州河流域的 96%，由于整个流域在燕山的迎水坡，所以气候比较湿润，其中在 7 月和 8 月常发生降雨，平均多年径流量为 5.06 亿 m³，平均多年降雨量为 750mm 左右。自 1983 年以来，于桥水库被作为引滦入津工程的调节水库，在引滦工程中的作用为：城市供水和防洪，同时将潘家口水库的部分来水存蓄在库中，通过专用输水渠道向天津供水。

于桥水库的总库容为 15.59 亿 m³，正常蓄水水位 21.16m，正常蓄水位水位时表面积 86.8 km²，总库容 15.6 亿 m³，兴利库容 3.85 亿 m³，死库容 0.76 亿 m³。其水库水位-面积、水位-库容关系如图 2.5、图 2.6 所示。

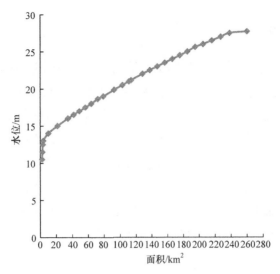

图 2.5　于桥水库水位-面积关系曲线

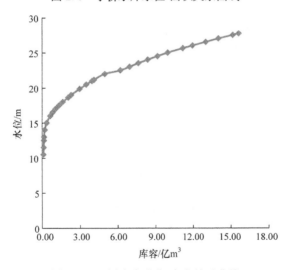

图 2.6　于桥水库水位-库容关系曲线

引滦入唐工程由引滦入还输水工程、引还入陡输水工程、邱庄水库和陡河水库四部分组成。

4. 引滦入还输水工程

引滦入还输水工程是引滦入唐输水工程的上段部分。由大黑汀枢纽闸到邱庄水库,全长 25.80km,输水工程设计引水流量 80m³/s,校核流量 100m³/s。

5. 邱庄水库

　　邱庄水库位于唐山市丰润区城区以北 20km,还乡河出山口处,是蓟运河支流还乡河上的一座大型水库,也是引滦入唐沿线上的中间调节水库,控制流域面积 525km²,多年平均径流量 1.09 亿 m³。水库正常蓄水位 66.50m,死水位 53.00m,总库容 2.04 亿 m³,兴利库容 0.65 亿 m³。其水库水位-面积、水位-库容关系如图 2.7、图 2.8 所示。主要任务是防洪、供水,同时调节引滦入唐供水。水库以上流域全部处在燕山山脉南麓迎风区,年降雨量较丰富,多年平均降雨量为 703mm。流域内多年平均水面蒸发量约 1000mm,多年平均陆面蒸发量约 530mm。

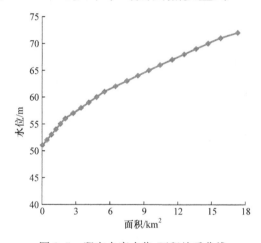

图 2.7　邱庄水库水位-面积关系曲线

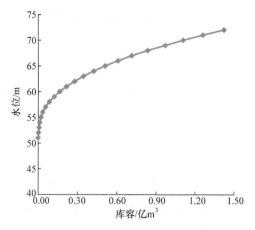

图 2.8　邱庄水库水位-库容关系曲线

6. 引还入陡输水工程

引还入陡输水工程是引滦入唐输水工程的下段部分,总长度25.44km。主要任务是将引滦入还的水量经邱庄水库调节后跨流域送到陡河水库。

7. 陡河水库

陡河水库主要以防洪为主,位于唐山市以北 15km 的陡河上游,兼供唐山市区生活用水及工农业生产用水等的综合利用大型水利枢纽工程,引滦入唐工程修建后又是其入唐终端调节水库。陡河属季节性河流,介于滦河、蓟运河两水系之间,上游分为东西两支。东支为管河,发源于迁安县东蛇探峪村,河长 30.4km,集水面积 286 km²,其中有分支龙湾河在宋家峪村汇入管河。西支为泉水河,河长 45km,集水面积244km²,发源于丰润县上水路村东北,于丰润县火石营镇马家庄户村的腰带河汇入其中。两河在双桥村附近汇合,以下始称陡河。陡河穿过唐山市区,向南经侯边庄入丰南境内,于涧河注入渤海。全长121.5km,控制流域面积 530km²,多年平均径流量 0.82 亿 m³。水库正常蓄水位 34.00m,死水位 28.00m,总库容 5.152 亿 m³,兴利库容0.684 亿 m³。主要作用是调节引滦水量,供唐山城市生活、工业用水,曹妃甸工业区用水,下游农业用水及防洪,其水库水位-面积、水位-库容关系如图 2.9、图 2.10 所示。

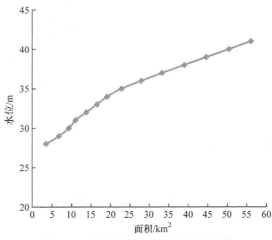

图 2.9　陡河水库水位-面积关系曲线

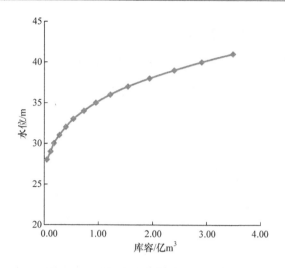

图 2.10　陡河水库水位-库容关系曲线

陡河流域下游地区靠近渤海,又受北部燕山山脉影响,每年夏秋季节常因台风形成暴雨,且有华北地区的气候特性,雨量大部分集中于汛期,而汛期又多集中于几次暴雨,极易发生春旱夏涝,且年际变化较大。据 1953~2001 年降水资料统计分析,陡河水库以上多年流域平均降水量为 678mm,其中 6~9 月汛期降雨量 560mm,占年降水量的 84%,汛期最大降雨量 1046.7mm(1964 年),最小 253.6mm(1992 年)。

8. 桃林口水库

桃林口水库以供水、灌溉为主,同时具有防洪和发电功能的大(Ⅱ)型水利枢纽工程,位于秦皇岛市滦河支流的青龙河上。桃林口水库的主要任务是向秦皇岛市提供生活、工业用水,以及向滦河下游农业供水。水库控制流域面积 5060km²。水库正常高水位 143.40m,汛限水位 143.40m,死水位 104.00m,设计洪水位 143.4m,校核洪水位 144.32m。总库容 8.59 亿 m³,兴利库容 7.09 亿 m³,死库容 0.511 亿 m³,水电站装机容量 2×10000kW。水库防洪标准为百年一遇洪水设计,千年一遇洪水校核。在实际运用中,桃林口水库要考虑丰水年的泄量较大,所以要将正常蓄水位降低一定程度,以利于错峰。其水库水位-面积、水位-库容关系如图 2.11、图 2.12 所示。

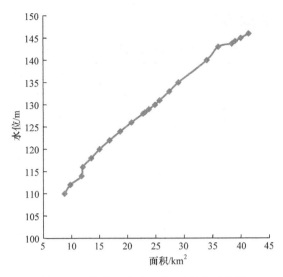

图 2.11　桃林口水库水位-面积关系曲线

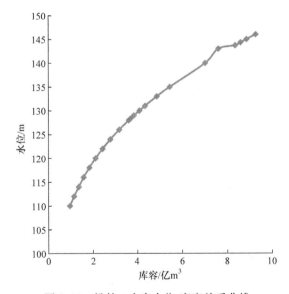

图 2.12　桃林口水库水位-库容关系曲线

引滦调水工程共包括六个水库,即潘家口水库、大黑汀水库、于桥水库、陡河水库、邱庄水库、桃林口水库,主要向天津市、唐山市、秦皇岛市及滦河下游农业灌溉供水。研究基于此六个调水工程并结合供水区当地水资源供需情况进行水库群供水优化调度研究的。供水对象为城市生活用水和城市工业用水以及滦河下游农业灌溉。其各供水水库主要工程特性指标见表 2.1。

表 2.1 各供水水库主要工程特性指标

水库名称	潘家口水库	大黑汀水库	于桥水库	邱庄水库	陡河水库	桃林口水库
坝顶高程/m	230.50	138.80	27.38	77.00	44.00	146.50
最大坝高/m	107.50	52.80	22.63	28.00	25.00	74.50
校核洪水位/m	227.00	133.70	27.72	72.90	43.40	144.32
设计洪水位/m	224.50	133.00	25.62	68.80	40.30	143.40
总库容/亿 m³	29.30	4.73	15.59	2.04	5.15	8.59
兴利库容/亿 m³	19.50	2.07	3.85	0.65	0.68	7.09
死水位/m	180.00	122.00	15.00	53.00	28.00	104.00
死库容/亿 m³	3.31	1.13	0.36	0.008	0.05	0.51
正常水位/m	222.00	133.00	21.16	66.50	34.00	143.00
相应库容/亿 m³	22.81	3.20	4.21	0.67	0.74	7.60
汛限水位/m	216.00	133.00	19.87	64.00	34.00	143.00
相应库容/亿 m³	19.50	3.20	2.98	0.43	0.74	7.60

2.4 小 结

天津市是中国四大直辖市之一,截至 2016 年底,常住人口为 1155.8 万,总面积 11916.85km²,市中心区面积 315km²。地处我国华北平原的东北部,海河流域下游,东临渤海,北依燕山,属暖温带半湿润大陆季风型气候,有明显由陆到海的过渡特点,四季明显,长短不一,降水不多,分配不均。

唐山市是华北地区沿海重工业城市,截至 2016 年底,常住人口为 784.36 万,总面积 13472km²,地处环渤海湾中心地带,南临渤海,北依燕山,东与秦皇岛接壤,西与京、津毗邻,是连接华北、东北两大地区的咽喉要地和走廊。近年来,唐山市社会经济得到了长足的发展,特别是曹妃甸工业区的建设,为唐山市带来了前所未有的重大机遇。与天津市一样,唐山市同属于华北地区严重缺水城市之一。由于水资源短缺,唐山市多年来地下水严重超采,地面沉降成为主要地质灾害。为满足城市生活及工业用水及丰南农业用水的需求,唐山市主要依靠引滦入唐工程使用滦河水,部分使用地下水。滦下农业灌溉以潘家口、大黑汀水库供水为主,桃林口水库为辅助供水水源。引滦入唐工程是负责向唐山市引水的输水工程。引滦水自引滦分水枢纽闸起经渡槽跨越横河,通过还乡河经邱庄水库调蓄后,蜿蜒数十里注入陡河水库。工程由渡槽、隧洞、暗管、明渠及水库、电站、闸、涵等水工建筑物组成,全长53km。滦下农业引水分为两部分,一部分是自大黑汀水库经滦河河道向滦下农业灌溉供水,另一部分是自桃林口水库通过青龙河河道汇入滦河下游河道向滦下农业灌溉供水。

秦皇岛市是重要的旅游和港口城市,地处华北沿海地区水资源短缺限制了秦皇岛市可持续发展的潜力。秦皇岛市人口流动性较大,年内旅游期间与平时供水量差异悬殊,造成在供水高峰期城市自来水供给不足,制约了城市规模的扩大、经济的快速发展。

因此,如何充分的发挥滦河流域各水库供水调度的作用,一方面在保障水库安全的前提下尽可能减少下游洪灾损失,另一方面如何更有效地利用水资源以缓减本地区水资源的供需矛盾。

第3章　入库径流规律分析及区域水资源供需预测

3.1　引　　言

引滦六水库中潘家口水库为整个引滦工程的源头,为多年调节水库。本章首先对潘家口来水规律进行分析,了解潘家口水库径流年内、年际及丰枯变化,以便在适当的时机以适当的量向下游各水库调水以满足对天津、唐山、秦皇岛的供水。其次运用混合 Copula 连接函数分析潘家口、陡河、于桥水库及潘家口、桃林口水库的丰枯补偿特性,计算水库之间天然来水量的丰枯遭遇概率,为引滦六水库联合供水调度打下基础。最后,对各水库的来水和供水区的需水量进行预测,以便合理的分配水资源。

3.2　潘家口水库来水规律分析

潘家口水库位于滦河中游,是整个引滦工程的源头,控制滦河流域面积 33700km², 为全流域面积的 75%, 控制全流域水量的 1/2 以上,多年平均径流量 24.5 亿 m³, 占全流域多年平均径流量的 53%。故潘家口水库的来水影响着其他水库的调水及供水区的供水,但潘家口水库为多年调节水库,其调水又不完全由来水决定,所以对其来水进行分析,主要找出来水的年内分配特点和年际丰枯变化规律,以指导水库群供水调度实施。

3.2.1　来水的年内分配特点分析

潘家口水库是唐山、天津城市生活、工业用水以及滦河下游农业用水的重要保障,适当的时间以适当的量向两地供水,既能有效地缓解供需矛盾保证供水安全又能充分利用水资源减少水库弃水,所以分析水库年内分配规律可为水库之间供水调度打下基础并提供重要依据。根据1954～2000年潘家口水库入库径流资料,分析多年平均径流年内分配情况,见表3.1。

表 3.1　潘家口水库多年平均径流年内分配

季节	春			夏			秋			冬		
月份	3月	4月	5月	6月	7月	8月	9月	10月	11月	12月	1月	2月
各月平均流量/(m³/s)	30.5	41.6	24.2	49.2	189.5	239.1	103.7	63.3	39.7	21.0	15.0	15.6
各月来水比例/%	3.66	5.00	2.91	5.91	22.77	28.73	12.46	7.61	4.77	2.52	1.80	1.87
各季来水比例/%	11.57			57.41			24.84			6.18		

由表3.1可以看出:

(1) 7月、8月、9月和10月的来水比例较大,占全年总来水的70%左右,尤其是7月、8月来水比较集中,占全年总来水的50%左右。

(2) 由于冬季河流的结冰等现象,最小流量在1月和2月期间,其中12～2月的来水量占年来水总量的6.18%。

(3) 从4月份以后气温会有所升高,所以流量将增大,3～5月来水量占全年总量的11.57%,这时节为农田春灌时期。

(4) 夏季和秋季降雨较多而且降水比较集中,其中6～11月来水量占全年总量的82.25%,从11月份开始流量将逐渐的减小。

从全年降水情况看,年内最丰的3个月(6～8月)与最枯的3个月(12～2月)降水比值达到9∶1。年内分配不均匀造成了丰水期防汛,枯水期抗旱的局面,给生活和工农业生产带来了很大的不利,因此需要通过水库调节对供水区及滦河下游农业灌溉进行有计划的供水,提高水资源利用率的同时减少弃水。

3.2.2　径流的年际变化

1. 年际变化

变差系数 C_v 或者年极值比(最大与最小得年流量比值)通常可以表示径流年际变化,其中变差系数 C_v 表示某个流域径流的相对变化程度,

如果 C_v 值越大,表明径流过程的年际间丰枯变化程度就越剧烈,那么对于开发利用水资源越不利。通过分析潘家口水库 1954~2000 年共 47 年的天然径流资料,计算得到其径流年际变化 C_v 值是 0.60,年极值比是 6.54,径流年际变化相对较大,表明潘家口水库的多年径流变化较不稳定。年流量的多年变化特征值如表 3.2 所示。

表 3.2　潘家口水库的年径流多年变化特征值

项目	多年平均流量/(m³/s)	变差系数 C_v	最大年流量			最小年流量			最大与最小年流量比
			年份	流量/(m³/s)	与多年平均比	年份	流量/(m³/s)	与多年平均比	
特征值	69.3	0.60	1959	144	2.11	1981	22	0.32	6.54

2. 径流年际变化的长持续性分析

虽然径流年际变化的丰枯周期出现时间不相同、数量不重复,但是丰水年组合枯水年组会交替出项,通过绘制径流变化的模比数差积曲线 $\sum(k_i-1)\text{-}t$(见图 3.1),来分析丰枯年组变化情况。

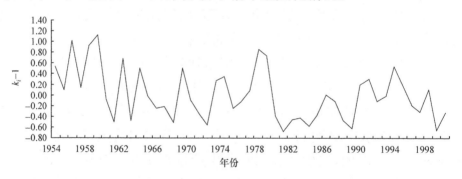

图 3.1　潘家口水库的入库径流过程模比数差积曲线

由图 3.1 可以看出,1954~1967 年的流量变化过程尽管有枯水年组出现,但是流量的总趋势还是较大,1968~1980 年丰枯变化比较明显,自 1981 年以后,虽然年流量的变化过程有几个年份偏丰,但是总趋势是下降的。这种不规则的径流长持续性变化,不仅与区域的径流长、中、短周期变化有关系,而且在一定程度上还受大尺度大气环流的影响。

3.2.3　径流代际的变化

表 3.3 为潘家口水库的 5 年、10 年天然平均流量统计表。

表 3.3　水库径流代际变化　（单位：m³/s）

时段	1956~1960	1961~1965	1966~1970	1971~1975	1976~1980	1981~1985	1986~1990	1991~1995	1996~2000
5 年均值	111	71	60	61	84	34	55	74	49
10 年均值	—	66		72		44		62	

由表 3.3 可知,进入 20 世纪 80 年代后,径流量小于多年均值,仅为多年平均的 80% 左右。从 5 年期的统计结果看,50 年代径流量比较大,60 年代先多后少,70、80 年代先少后多,而 90 年代为先多后少,其中统计结果中 5 年期径流呈现有规律波动变化;而 10 年期的统计结果表明,60~90 年代表现出周期变化,但是总体呈现下降的趋势。

水库径流的 5 年滑动平均值和 10 年、20 年滑动平均值如图 3.2、图 3.3 和图 3.4 所示。

由图 3.2 可以看出,60、70 年代径流较大,到 80 年代以后径流虽然有增加的时段,但总体是径流逐渐较小。由图 3.3 和图 3.4 中 10 年、20 年滑动平均流量的变化情况来分析,径流的变化波动较大,并出现较明显的逐步减少趋势。

图 3.2　水库径流的 5 年滑动平均

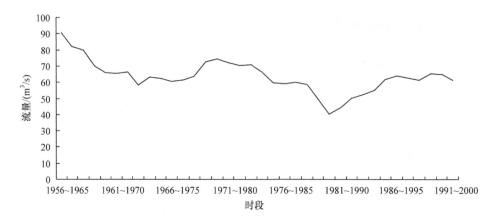

图 3.3　水库径流的 10 年滑动平均

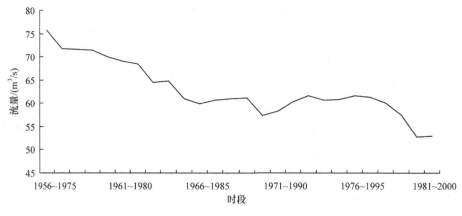

图 3.4　水库径流的 20 年滑动平均

3.2.4　径流丰枯变化情况

径流丰枯变化情况的划分标准通常按《水文情报预报规范》中表示,其中用 P 表示距平百分率,当 $P < -20\%$ 时,为枯水;当 $-20\% < P < -10\%$ 时,为偏枯;当 $-10\% < P < 10\%$ 时,为平水;当 $10\% < P < 20\%$ 时,为偏丰;当 $P > 20\%$ 时,为丰水。但在实际的应用中,通常通过已知年径流量计算相应模比系数值(用 K_p 表示),在表 3.4 中的模比系数范围查出来水的丰、平、枯变化程度。

表 3.4　模比系数 K_p 的判别

丰枯程度	丰水年		平水年	枯水年	
	特丰	偏丰		偏枯	特枯
相应的 K_p 值	$K_p > 1.20$	$1.20 > K_p \geqslant 1.10$	$1.10 > K_p \geqslant 0.90$	$0.90 > K_p \geqslant 0.80$	$K_p < 0.8$

表 3.5　各年来水量的丰枯变化程度

年份	—	—	—	1954	1955	1956	1957	1958	1959	1960
类别	—	—	—	丰	平	丰	平	丰	丰	平
年份	1961	1962	1963	1964	1965	1966	1967	1968	1969	1970
类别	枯	丰	枯	丰	平	偏枯	平	枯	丰	平
年份	1971	1972	1973	1974	1975	1976	1977	1978	1979	1980
类别	偏枯	枯	偏丰	偏丰	偏枯	平	平	丰	丰	偏枯
年份	1981	1982	1983	1984	1985	1986	1987	1988	1989	1990
类别	枯	枯	枯	枯	偏枯	平	平	枯	枯	偏丰
年份	1991	1992	1993	1994	1995	1996	1997	1998	1999	2000
类别	偏丰	平	平	丰	偏丰	平	偏枯	平	枯	偏枯

通过表 3.5 的统计结果可知,其中 50 年代的来水为丰水;60 年代的来水为平水;70 年代的来水为偏丰;80 年代的来水为枯水;90 年代的来水为平水,由此看出各年代中平水出现概率最大。

3.2.5　年型的转移概率统计分析

依据马尔可夫(Markov)链的理论,可将不同丰、平、枯的年型数据序列,以 $E_1, E_2, \cdots, E_k$ 来表示不同的状态,$P_{ij}^{(m)}$ 表示年型数列由状态 E_i 经过 m 步后变为状态 E_j 的概率,可用下式表示为

$$P_{ij}^{(m)} = \frac{n_{ij}^{(m)}}{N_i} \tag{3.1}$$

式中:N_i 为状态 E_i 出现的次数;$n_{ij}^{(m)}$ 为状态 E_i 经过 m 步后变为状态 E_j 的次数。由频率稳定性可知,N_i 充分大的时候,转移频率可近似的认为等于转移概率,可用它来估计转移概率。式(3.2)为 m 步状态转移概率的矩阵:

$$p^{(m)} = \begin{bmatrix} p_{11}^{(m)} & p_{12}^{(m)} & \cdots & p_{1k}^{(m)} \\ p_{21}^{(m)} & p_{22}^{(m)} & \cdots & p_{2k}^{(m)} \\ \vdots & \vdots & & \vdots \\ p_{k1}^{(m)} & p_{k2}^{(m)} & \cdots & p_{kk}^{(m)} \end{bmatrix} \qquad (3.2)$$

在实际应用中,一般只要考察一步转移概率矩阵 $P^{(1)}$。

此序列的状态转移为:从某个时刻的某一种状态,经过时间的推移,变成了另一个时刻的另一种状态,以构成 Markov 链的转移矩阵。将潘家口水库 1954~2000 年总共 47 年的入库径流划为丰、偏丰、平、偏枯、枯 5 种状态,可分别记为状态 1~状态 5,这样就构成了状态和时间都离散的随机序列。表 3.6 为潘家口水库径流丰枯状态的一步转移概率矩阵。

表 3.6　潘家口水库径流丰枯状态的一步转移概率矩阵

I	j				
	1	2	3	4	5
1	0.20	0.10	0.50	0.10	0.10
2	0.00	0.40	0.40	0.20	0.00
3	0.29	0.00	0.21	0.21	0.29
4	0.00	0.00	0.67	0.00	0.33
5	0.27	0.18	0.00	0.18	0.36
平均转移概率	0.15	0.14	0.36	0.14	0.22

1. 分析各状态的自转移概率

从表 3.6 中分析可知,潘家口水库 47 年径流的各状态都有不同程度的自转移概率出现,其中最大值为 $P_{22} = 0.40$,表明状态 2 的偏丰年转移概率最大,亦自保守性最强,即偏丰水年份出现前会有较丰的年份发生;$P_{55} = 0.36$ 也较大,状态 5 枯水年的自保守性较强;$P_{11} = 0.20$、$P_{33} = 0.21$,说明状态 1 丰水年和状态 3 平水年有一定的自保守性,而状态 4 偏枯水年的自保守性最弱。由此反映出年径流丰枯变化在偏丰水年、枯水年持续时间较长,丰水年和平水年持续时间虽然比偏丰水年、枯水年持续时间短,但总体来看,持续时间也较长,而在偏枯年持续时间最短。

2. 分析各状态的互转移概率

从表 3.6 中可以看出, $P_{43}=0.67$,说明年径流在偏枯年向平水年转移的概率最大; $P_{13}=0.50$ 和 $P_{23}=0.40$,说明丰水年和偏丰水年向平水年转化的概率比较大; $P_{45}=0.33$,说明偏枯水年向枯水年转化的概率也较大; $P_{35}=0.29$ 和 $P_{31}=0.29$,说明平水年向枯水年和平水年向丰水年转化的概率相同。

潘家口水库 47 年的径流各状态中向状态 3(平水年)的平均转移概率是 0.36,表明各状态向平水年的转移概率是最大的。47 年的径流各状态中向状态 1(丰水年)的平均转移概率是 0.15,向状态 2(偏丰年)和 4(偏枯年)的平均转移概率是 0.14,向状态 5(枯水年)的平均转移概率是 0.22,表明年径流不管处于哪种初始状态,其向丰水年、偏丰年和偏枯年变化的转移概率比向枯水年变化转移的概率小一些。

3.3 引滦水库群径流的丰枯补偿特性分析

潘家口水库是引滦工程的源头,将可分配水量通过引滦入津和引滦入唐工程引到天津和唐山,于桥水库是天津市的重要枢纽工程,承担着引滦调蓄向天津的供水任务,陡河水库是唐山市供其市区生活用水和工农业生产用水的综合水利枢纽。近年来,随着社会经济的发展,天津、唐山两地水资源短缺现象日益严重,各水库来水呈下降趋势,因此分析潘家口、于桥、陡河水库之间的丰枯补偿特性对水库联合调度以及水资源合理配置具有重要意义。

潘家口水库、大黑汀水库与桃林口水库之间的联合调度主要体现在对滦河下游农业灌溉供水上。利用秦皇岛市剩余指标水量,桃林口水库通过青龙河河道加大向滦河下游农业供水,减少的潘家口水库、大黑汀水库向滦下农业供水量经引滦入津或引滦入唐工程向天津市或唐山市供水;利用天津市或唐山市剩余指标水量,加大潘家口、大黑汀水库向滦下农业供水量,减少的桃林口水库向滦下农业供水量经引青济秦输水工程向秦皇岛市供水。由于大黑汀水库位于潘家口水库主坝下游 30km 滦河干流上,所处地理位置和气候条件等比较接近,所以两座水库的入库流量基本上为同丰同枯的情况,因此分析潘家口水库、桃林口水库之间入库径流的丰枯补偿特性。

研究不同区域丰枯补偿特性,实际上属于求解变量之间联合概率分布问题,目前常用的两变量联合概率分布模型[49]主要有:两变量正态分布模型、混合 Gumbel 模型、两变量 Gumbel-logistic 模型、指数分布模型、皮尔逊 III(P-III)型模型、Farlier-Gumbel-Morgenstern 模型等,这些模型都是基于随机变量之间的线性相关性建立的,通过线性相关系数来衡量变量间的相关关系,而用此来描述非线性相关关系问题时会出现错误的结论,而水文科学领域的各种随机变量之间往往呈现出各种复杂的线性、非线性的相关关系,所以以上线性相关的变量分布模型就不能准确的描述变量之间的联合分布问题。故引入 Copula 函数来描述变量间的相关性,Copula 函数可将联合分布的函数和它各自的边缘分布函数联系在一起,基于变量之间的非线性相关关系而建立的,可以描述变量间非线性、非对称和对称的相关关系,目前在水文科学中得到广泛的应用[50-53]。

3.3.1 基于混合 Copula 函数分布模型

1. Copula 理论及 Copula 函数分布模型

1959 年 Copula 函数理论由 Sklar 提出,可把一个联合分布函数分解为一个 Copula 函数和 K 个边缘分布函数,而分解出来的 Copula 函数可用来描述变量之间相关性,也就是可将联合分布的函数和它各自的边缘分布函数联系在一起的函数[54]。N 元 Copula 函数 $C(u_1, u_2, \cdots, u_N)$ 具有以下性质:

(1) 对任意的变量 $u_n \in [0, 1] (n = 1, 2, \cdots, N)$,$C(u_1, u_2, \cdots, u_N)$ 都是非减的。

(2) $C(u_1, u_2, \cdots, 0, \cdots, u_N) = 0$,$C(1, \cdots, 1, u_n, , 1, \cdots, 1) = u_n$。

(3) 对任意的变量 $u_n, v_n \in [0, 1] (n = 1, 2, \cdots, N)$,均有

$$|C(u_1,u_2,\cdots,u_N)-C(v_1,v_2,\cdots,v_n)|\leqslant\sum_{n=1}^{N}|u_N-v_N| \qquad (3.3)$$

（4）$C^{-}(u_1,u_2,\cdots,u_N)\!<\!C(u_1,u_2,\cdots,u_N)\!<\!C^{+}(u_1,u_2,\cdots,u_N)$。

（5）若变量 $u_n\in[0,1](n=1,2,\cdots,N)$ 相互独立，用 $C^{\perp}$ 表示独立变量的 Copula 函数，则

$$C^{\perp}=C(u_1,u_2,\cdots,u_N)=\prod_{n=1}^{N}u_n \qquad (3.4)$$

常用的 Copula 函数有很多种，本书主要介绍多元正态 Copula 函数、阿基米德 Copula 函数（Archimedean Copula）的三类常用函数（Clayton Copula 函数、Gumbel Copula 函数、Frank Copula 函数）和极值 Copula 函数。

1）多元正态 Copula 函数

其中 N 元正态 Copula 函数的分布函数与密度函数可表达为

$$C(u_1,u_2,\cdots,u_N;\rho)=\Phi_{\rho}(\Phi^{-1}(u_1),\Phi^{-1}(u_2),\cdots,\Phi^{-1}(u_N)) \quad (3.5)$$

$$c(u_1,u_2,\cdots,u_N;\rho)=|\rho|^{-\frac{1}{2}}\exp\left[-\frac{1}{2}\zeta'(\rho^{-1}-I)\zeta\right] \qquad (3.6)$$

式中：ρ 为对角线上的元素为 1 的对称正定矩阵；$|\rho|$ 表示与矩阵 ρ 相对应的行列式的值；$\Phi_{\rho}(\cdot,\cdots,\cdot)$ 表示相关系数矩阵为 ρ 的标准正态分布函数；$\Phi^{-1}(\cdot)$ 为标准多元正态函数 $\Phi(\cdot)$ 的逆函数；$\zeta=(\zeta_1,\zeta_2,\cdots,\zeta_N)'$，$\zeta_n=\Phi^{-1}(u_n)$，$n=1,2,\cdots,N$，$I$ 为单位矩阵。

2）阿基米德 Copula 函数

其中阿基米德 Copula 函数可表示为

$$C(u_1,u_2,\cdots,u_N)=\varphi^{-1}(\varphi(u_1)+\varphi(u_2)+\cdots+\varphi(u_N)) \qquad (3.7)$$

式中：$\varphi(\cdot)$ 为阿基米德 Copula 函数 $C(u_1,u_2,\cdots,u_N)$ 的生成元，需要满足以下两个条件：① $\sum_{n=1}^{N}\varphi(u_n)\leqslant\varphi(0)$ 并且 $\varphi(1)=0$；②当 $0\leqslant t\leqslant 1$ 时，$\varphi'(t)<0,\varphi''(t)>0$，表示 $\varphi(\cdot)$ 是凸的减函数。其中 $\varphi^{-1}(\cdot)$ 是 $\varphi(\cdot)$ 的逆函数。

Gumbel Copula 函数、Clayton Copula 函数、Frank Copula 函数是常用的二元阿基米德 Copula 函数，分别由它们扩展到 N 元阿基米德 Copula 函数可表示为

(1) N 元 Gumbel Copula 函数的表达式为

$$C(u_1,u_2,\cdots,u_N;\alpha) = \exp\left(-\left[\sum_{n=1}^{N}(-\ln u_n)^{\frac{1}{\alpha}}\right]^{\alpha}\right), \quad \alpha \in (0,1]$$

$$(3.8)$$

(2) N 元 Clayton Copula 函数的表达式为

$$C(u_1,u_2,\cdots,u_N;\theta) = \left(\sum_{n=1}^{N}u_n^{-\theta} - N + 1\right)^{-\frac{1}{\theta}}, \quad \theta \in (0,\infty) \quad (3.9)$$

(3) N 元 Frank Copula 函数的表达式为

$$C(u_1,u_2,\cdots,u_N;\lambda) = -\frac{1}{\lambda}\ln\left[1 + \frac{\prod_{n=1}^{N}(e^{-\lambda u_n} - 1)}{(e^{-\lambda} - 1)^{N-1}}\right],$$

$$\lambda \neq 0, \quad N \geqslant 3, \quad \lambda \in (0,\infty) \quad (3.10)$$

其中，α、θ、λ 为相关参数。

3) 极值 Copula 函数

极值 Copula 函数（extreme value Copula，EVC）可表达为

$$C(u_1^t,u_2^t,\cdots,u_n^t) = C^t(u_1,u_2,\cdots,u_N), \quad \forall t > 0 \quad (3.11)$$

2. 混合 Copula 函数的构造与相关性分析

1) 不同类型的 Copula 函数比较分析

一般情况下，多元正态 Copula 函数通常描述变量之间的相关关系，但是由于此函数有对称性的特点，所以对于变量的非对称相关关系很难拟合。

而 Gumbel Copula 函数和 Clayton Copula 函数都具有非对称性的特点，其中 Gumbel Copula 函数为"J"字形分布，下尾低而上尾高，对水文变量的下尾部变化不太敏感，而对上尾部的分布变化比较敏感，所以很难描述下尾部的相关变化情况，即当一个水文变量出现极大值时，另外两个水文变量也出现极大值的概率增大。

Clayton Copula 函数为"L"字形分布，下尾高而上尾低，对水文变量的下尾部变化比较敏感，而对上尾部的分布变化不太敏感，所以很难描述上尾部的相关变化情况，即当一个水文变量出现极小值时，其他两个水文变量也出现极小值的概率增大。

Frank Copula 函数为"U"字形分布,它有对称性的特点,所以很难描述水文变量之间的非对称关系,Frank Copula 函数只适合描述具有对称相关结构的变量之间的相关关系,即各个水文变量间极大值相关性与极小值相关性是对称增长的,但是其尾部的分布变量是比较独立的,所以 Frank Copula 函数无论在描述上尾部还是下尾部的相关性中都是不敏感的,故无法描述尾部变化的相关性。

2) 混合 Copula 函数的构造与相关性分析

Gumbel Copula 函数、Clayton Copula 函数、Frank Copula 函数三类常用的阿基米德函数能够捕捉尾部相关的情形:上尾部的相关、下尾部的相关、上尾部和下尾部的对称相关。这些 Copula 函数具有描述各种水文变量模式之间的关系,特别是尾部相关关系,水文系统中各变量之间的关系是复杂多变的,不是拘泥于某种特定关系,它们只能反映水文变量间相关性的某个侧面,因此很难用一个简单的 Copula 函数来全面的刻画水文系统中各变量之间的相关模式,所以一个更加灵活的 Copula 函数需要构造,来描述各种水文变量模式之间的关系。应用不同 Copula 函数的优点,本书选用 Gumbel Copula 函数、Clayton Copula 函数、Frank Copula 函数的线性组合来构造混合的 Copula 函数,可以更加灵活的刻画水文系统中各变量之间的相关关系。

混合 Copula 函数 M-Copula 表达式为

$$\begin{cases} \mathrm{MC}_3 = w_G C_G + w_F C_F + w_{Cl} C_{Cl} \\ w_G + w_F + w_{Cl} \geqslant 0 \\ w_G + w_F + w_{Cl} = 1 \end{cases} \tag{3.12}$$

式中:C_G、C_F、C_d 分别为 Gumbel Copula、Frank Copula、Clayton Copula 函数;w_G、w_F、w_d 为相应 Copula 函数的权重系数。由式(3.8)~式(3.10)可知,MC_3 中包括了 6 个参数,参数向量$(\alpha, \lambda, \theta)$用来描述变量间相关的程度,变量间相关的模式由线性权重参数向量(w_G, w_F, w_d)表示。

3. Copula 模型的参数估计、检验与评价

1) Copula 模型的参数估计

Copula 函数模型中的参数估计有很多种,一般采用极大似然和矩

估计,而其中极大似然估计是较常用的 Copula 模型参数估计方法,其联合分布函数的密度函数为

$$f(x_1,x_2,\cdots,x_N;\theta) = c(F_1(x_1;\theta_1),F_2(x_2;\theta_2),\cdots,F_N(x_N;\theta_N);$$

$$\theta_c)\prod_{n=1}^{N}f_n(x_n;\theta_n)$$

$$= c(u_1,u_2,\cdots,u_N;\theta_c)\prod_{n=1}^{N}f_n(x_n;\theta_n) \qquad (3.13)$$

其中:

$$c(u_1,u_2,\cdots,u_N;\theta_c) = \frac{\partial C(u_1,u_2,\cdots,u_N;\theta_c)}{\partial u_1 \partial u_2 \ldots \partial u_N} \qquad (3.14)$$

式中: θ_c 为 Copula 函数的 $1\times m_c$ 维参数向量; $F_n(x_n;\theta_n)$ 为边缘分布函数; θ_n 为边缘分布函数 $F_n(x_n;\theta_n)$ 的 $1\times m_n$ 维参数向量; $\theta=(\theta_1,\theta_2,\cdots,\theta_N,\theta_c)'$; $n=1,2,\cdots,N$。

因此,可以得到样本 $(x_{1t},x_{2t},\cdots,x_{Nt})$, $t=1,2,\cdots,T$ 的对数似然函数为

$$\ln L(x_{1t},x_{2t},\cdots,x_{Nt};\theta) = \sum_{t=1}^{T}\Big(\sum_{n=1}^{N}\ln f_n(x_{nt};\theta_n)$$

$$+ \ln c(F_1(x_{1t};\theta_1),F_2(x_{2t};\theta_2),\cdots,F_N(x_{Nt};\theta_N);\theta_c)\Big)$$

$$(3.15)$$

使似然函数取的最大值的 θ 即是最大似然估计值。

2) Copula 模型的检验与评价

应用的 Copula 分布函数是否能够很好的拟合变量之间的相关结构及分布,所以 Copula 函数的检验与拟合优度评价需要建立。K-S 用于检验样本是否服从统一分布,故应用其对 Copula 分布函数进行检验; Copula 函数的拟合度评价采用均方根误差 RSME 最小准则来计算,其定义如式(3.16)所示:

$$\text{RSME} = \sqrt{\frac{1}{N}\sum_{i=1}^{N}(p_c(i)-p_0(i))^2} \qquad (3.16)$$

式中: N 是样本容量; i 为样本序号; p_c 为模型计算的理论频率; p_0 为联合分布的经验频率。

其中,K-S 检验的统计量 D 计算公式如(3.17)式所示:

$$D=\max_{1\leqslant k\leqslant n}\left[\left|C_k-\frac{u_k}{N}\right|,\left|C_k-\frac{u_k-1}{N}\right|\right] \tag{3.17}$$

式中:N 为样本容量;C_k 为样本 $x_k=(x_{1k},x_{2k},x_{3k})$ 的 Copula 值;u_k 为样本中满足条件 $x\leqslant x_k$ 的个数,即满足:$x_1\leqslant x_{1k},x_2\leqslant x_{2k},x_3\leqslant x_{3k}$。

3.3.2　潘家口与陡河、于桥水库的丰枯遭遇分析

1. 各水库来水径流分布情况

根据 1956～2000 年潘家口、陡河、于桥水库的入库径流资料,分析各水库多年平均径流年均分配情况,如图 3.5～图 3.7 所示。

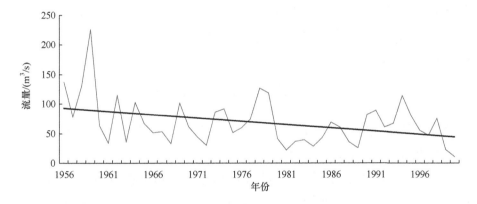

图 3.5　潘家口水库径流分布情况

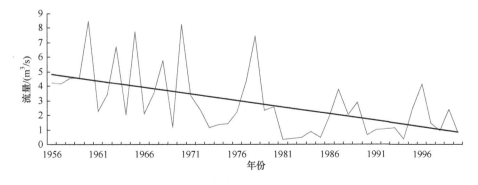

图 3.6　陡河水库径流分布情况

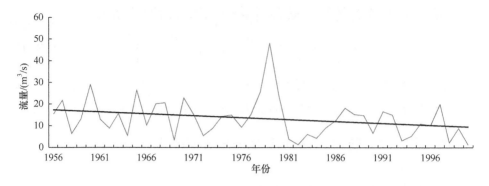

图 3.7　于桥水库径流分布情况

由图 3.5、图 3.6 和图 3.7 可知,潘家口、陡河和于桥水库的径流分布都是逐年递减的趋势,而随着工农业的发展用水量逐年增加,这使得水库群供水联合调度迫在眉睫。

P-III 型曲线是当前水文计算的常用频率曲线,又称为伽玛分布。其概率密度函数是:

$$f(x) = \frac{\beta^{\delta}}{\Gamma(\delta)} (x-\alpha_0)^{\delta-1} e^{-\beta(x-\alpha_0)} \tag{3.18}$$

式中:$\Gamma(\delta)$ 为 δ 的伽玛分布;δ、α_0、β 分别为 P-III 型曲线分布的形状、位置及尺度参数,且 $\delta > 0$,$\beta > 0$。

因此,参数 δ、α_0、β 确定后,密度函数也就随之确定了。论证得知,此三个参数与三个总体统计参数均值 $\bar{x}$、偏态系数 C_s、变差系数 C_v 具有以下关系:

$$\begin{cases} \delta = \dfrac{4}{C_s^2} \\ \alpha_0 = \bar{x}\left(1 - \dfrac{2C_v}{C_s}\right) \\ \beta = \dfrac{2}{\bar{x}C_s C_v} \end{cases} \tag{3.19}$$

应用矩法对 P-III 频率曲线参数进行估计,其中:

$$\bar{x} = \frac{1}{n}\sum_{i=1}^{n} x_i \tag{3.20}$$

$$C_v = \sqrt{\dfrac{\sum\limits_{i=1}^{n}(k_i-1)^2}{n-1}} \tag{3.21}$$

$$C_s = \dfrac{n^2}{(n-1)(n-2)} \dfrac{\sum\limits_{i=1}^{n}(k_i-1)^3}{nC_v^3} \tag{3.22}$$

其中,n 为样本容量;k_i 为模比系数。潘家口、陡河、于桥水库的来水径流样本的 $\bar{x}$、C_s、C_v 参数值见表 3.7 所示。

表 3.7　潘家口、陡河、于桥水库年径流 P-III 频率曲线参数估计结果

水库	$\bar{x}/(\mathrm{m}^3/\mathrm{s})$	C_v	C_s/C_v
潘家口水库	63.66	0.62	3.0
陡河水库	2.72	0.78	2.0
于桥水库	13.23	0.71	1.5

2. Copula 模型的计算、检验与评价结果

根据表 3.7 计算结果及式(3.13)～式(3.17)分别计算潘家口、陡河、于桥水库的 Gumbel-Copula、Clayton-Copula、Frank-Copula、M-Copula 函数的各相关参数和检验评价值。其函数的计算、检验与评价结果见表 3.8(K-S 检验在 0.05 水平下显著)。

表 3.8　Copula 模型的计算、检验与评价结果

函数名称	参数	参数值	K-S 统计量	均方根误差 RSME
Gumbel-Copula	α	2.5812	0.1257	2.1599
Clayton-Copula	θ	3.3541	0.1372	2.2847
Frank-Copula	λ	7.8534	0.1428	2.6421
M-Copula	$\alpha=2.5901;\theta=2.9531;\lambda=7.8011$		0.1295	2.0328
	$w_G=0.6742;w_Cl=0.3258;w_F=0$			

表 3.8 计算表明,Gumbel-Copula、Clayton-Copula、Frank-Copula、M-Copula 函数均通过 K-S 检验,能较好的拟合水库径流系列的边缘分布,根据均方根误差 RSME 最小准则,选取 M-Copula 函数为连接函数来拟合三个水库的径流联合分布情况。

3. 水库的径流丰枯补偿分析

把水库的丰枯指标分丰、平、枯三级超越概率来划分相应水库的保证率,其丰枯指标分别为: $p_f = 37.5\%$, $p_k = 62.5\%$,利用 M-Copula 函数对丰枯遭遇进行计算时,将上述指标转化成累计概率,即 $P(X < x_f) = 0.625, P(X < x_k) = 0.375$。具体划分三个水库的流量丰枯指标值见表 3.9。

表 3.9　潘家口、陡河、于桥水库丰枯划分流量值　　　（单位: m^3/s）

丰枯指标	潘家口水库	陡河水库	于桥水库
丰水 $x_f(p_f = 37.5\%)$	67.04	2.47	15.11
枯水 $x_k(p_k = 62.5\%)$	39.58	1.42	6.67

基于上述划分标准,应用 M-Copula 连接函数对潘家口、陡河和于桥水库的径流系列丰枯补偿进行分析,共有 27 种丰枯补偿遭遇形式,式(3.23)～式(3.25)分别列举三种丰枯遭遇计算公式,为潘家口、陡河和于桥水库的丰平枯、枯丰丰、平丰平。其他情形同理,具体各形式和计算结果见表 3.10 所示。

丰平枯情形:

$$P_{fpk} = P(X_1 \geqslant x_{1f}, x_{2k} \leqslant X_2 \leqslant x_{2f}, X_3 \leqslant x_{3k}) \tag{3.23}$$

枯丰丰情形:

$$P_{kff} = P(X_1 \leqslant x_{1k}, X_2 \geqslant x_{2f}, X_3 \geqslant x_{3f}) \tag{3.24}$$

平丰平情形:

$$P_{pfp} = P(x_{1k} \leqslant X_1 \leqslant x_{1f}, X_2 \geqslant x_{2f}, x_{3k} \leqslant X_3 \leqslant x_{3f}) \tag{3.25}$$

表 3.10　潘家口、陡河、于桥水库丰枯遭遇概率（%）

概率	潘家口丰			潘家口平			潘家口枯			合计
	陡河丰	陡河平	陡河枯	陡河丰	陡河平	陡河枯	陡河丰	陡河平	陡河枯	
于桥丰	18.25	3.01	2.03	6.83	4.08	0.27	2.54	1.05	0.32	38.38
于桥平	3.11	2.87	3.85	2.07	4.08	3.04	2.34	3.35	1.81	26.52
于桥枯	2.03	1.84	2.03	0.22	0.42	4.92	0.87	6.24	16.53	35.1
合计	23.39	7.72	7.91	9.12	8.58	8.23	5.75	10.64	18.66	100

表 3.10 的三水库径流系列 27 种丰枯遭遇情形分析如下:

（1）潘家口、陡河和于桥水库同丰、同平、同枯的概率分别为 18.25%、4.08%、16.53%，即丰枯同步的概率为 38.86%；丰枯异步的概率为 61.14%。丰枯异步的概率大于丰枯同步的概率，说明三个水库具有一定的相互补偿能力，为水库群联合供水调度提供较有利条件。

（2）当潘家口水库为丰水，而陡河水库和于桥水库中至少有一个平水或枯水的组合时，潘家口水库对陡河和于桥水库具有一定的补偿能力，即丰平平、丰平枯、丰平丰、丰丰平、丰丰枯、丰枯平、丰枯丰、丰枯枯，其概率为 20.77%。当潘家口水库来水为平水，而陡河水库和于桥水库中至少有一个平水或枯水的组合时，潘家口水库对陡河和于桥水库具有一定的补偿能力，即平平平、平平枯、平平丰、平丰平、平丰枯、平枯平、平枯丰、平枯枯，其概率为 19.1%。

（3）当潘家口水库来水为枯水，而陡河水库和于桥水库中有一个出现枯水或两个水库均出现枯水时，潘家口水库对陡河和于桥水库没有补偿能力，有以下几种组合情况：枯枯枯、枯丰枯、枯平枯、枯枯丰、枯枯平，其概率为 25.77%。

3.3.3　潘家口与桃林口水库的丰枯遭遇分析

根据 1956～2000 年潘家口和桃林口水库的入库径流资料，分析各水库多年平均径流年均分配情况，如图 3.5 和 3.8 所示。

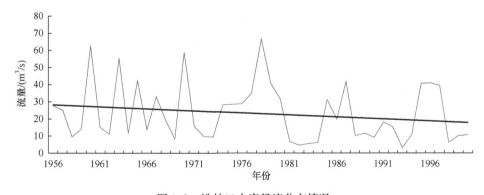

图 3.8　桃林口水库径流分布情况

根据 3.3.1 节的理论模型，对潘家口、桃林口水库丰枯遭遇进行同样的分析。其潘家口水库、桃林口水库的来水径流样本的 $\bar{x}$、C_s、C_v 参数值见表 3.11,水库丰枯划分流量值见表 3.12,表 3.13 为两水库丰枯遭遇概率结果。

表 3.11 潘家口、桃林口水库年径流 P-III 频率曲线参数估计结果

水库	$\bar{x}/(m^3/s)$	C_v	C_s/C_v
潘家口水库	63.66	0.62	3.0
桃林口水库	22.38	0.75	2.5

表 3.12 潘家口、桃林口水库丰枯划分流量值 （单位：m^3/s）

丰枯指标	潘家口水库	桃林口水库
丰水 $x_f(p_f=37.5\%)$	67.04	25.30
枯水 $x_k(p_k=62.5\%)$	39.58	10.59

表 3.13 潘家口、桃林口水库丰枯遭遇概率结果（%）

概率	潘家口丰	潘家口平	潘家口枯	合计
桃林口丰	19.09	13.38	5.68	38.15
桃林口平	13.38	9.82	7.32	30.52
桃林口枯	5.68	7.32	18.33	31.33
合计	38.15	30.52	31.33	100

由表 3.13 的两个水库径流系列 9 种丰枯遭遇情形分析知：

潘家口和桃林口水库同丰、同平、同枯的概率分别为 19.09%、9.82%、18.33%,即丰枯同步的概率为 47.24%,丰枯异步的概率为 52.76%。丰枯同步概率较高是由于其两水库的地理位置较接近,但丰枯异步概率占 50% 以上,说明两水库具有一定的相互补偿能力。其中潘丰桃平、潘平桃丰的概率均为 13.38%,潘枯桃丰、潘丰桃枯的概率均为 5.68%,潘枯桃平、潘平桃枯的概率均为 7.32%。

3.4 基于蚁群优化的神经网络的供需水预报模型

供需水预报是将水资源的需求和供给联系起来考虑,本书供水系统主要是滦河下游六水库的径流预测,需水预测为滦河流域供水区天津、唐山、秦皇岛的城市生活、工业及滦河下游农业需水,依据水文气象的资料,采用物理分析、统计学等方法理论,对未来时段的水文情势进

行预报。预报的步骤主要分为：确定预测目标、资料的搜集处理、选择预测技术、建立预测模型、评价模型、利用模型进行预测、分析预测结果。传统的预报模型主要有成因分析法和水文统计法，近年来，随着计算机技术的发展，水文预报的方法主要有混沌分析、灰色系统预报、可拓聚类预测方法、人工神经网络法、小波分析等，以及这些方法的相互耦合。

3.4.1　水文预报的主要方法简介

1. 水文统计法

水文统计法是水文预报中较常用的一种方法，不但可以从长期历史资料中寻找水文要素的自身历史变化规律，还能寻找出已出现过预报对象与预报因子之间关系和统计规律。水文要素由多个因素共同决定，要做中长期水资源预报，通常要有一些相关程度较高因子，其中包含主成分分析、多元线性回归分析等。

2. 灰色系统分析

灰色系统理论[55-56]是 20 世纪 80 年代提出的一种以部分信息已知、部分信息未知的小样本、贫信息、不确定性的系统为研究对象，通过对部分已知信息的生成、开发，提取有价值的信息，实现对系统演化规律的正确描述和有效监控。由于水文预报中包含不确定性成分较多，且各种成分难以严格区别，可将水文过程看成一个含有灰信息和灰元素的多因素影响的灰色系统。因此灰色系统理论在水文预报中得到充分的利用。

3. 人工神经网络

人工神经网络理论是人工智能研究的一个重要领域，是在模拟人脑思维的过程中发展起来的一种新方法，反映了大脑神经细胞的某些特征，但不是人脑细胞的真实再现，从数学角度而言，它是对人脑细胞的高度抽象和简化的结构模型。它模拟人脑神经元，应用样本数据通过灵活的非线性连接关系,构建输入层与输出层间的映射关系。反馈网络(feedback NNS)、前向网络(feed forward NNS)、和自组织网络(self-organizing NNS)是人工神经网络的三类,绝大多数神经网络采用反向传播(back propagation,BP)网络。神经网络通常由一个输入层、一个输出层、一个或多个隐含层构成,每一层都可以有几个节点。20 世纪 90 年代以来,人工神经网络在水文预报中的应用逐渐增多,陈元琳[57]结合实际问题,给出了时变输入输出过程神经元网络在系统辨识中的应用。王晶等[58]将蚁群神经网络应用于短期负荷预测中,表明蚁群神经网络预测模型有很好的预测精度和较快的预测速度。

4. 可拓聚类预测方法

可拓学主要是通过建立关联函数对事物量变与质变过程进行定量分析,聚类分析主要对给定样本进行数量化的分类一种方法,为解决从变化角度出发聚类分析的问题提供一种途径。可拓聚类预测方法[59-60]是首先通过聚类分析来划分集合若干的子集,构造经典域物元与节域物元,同时确定待测物元,再由关联函数值来确定待测样本的隶属子集,由此得到聚类预测的结果。

5. 混沌分析

混沌理论分析方法是近年来迅速发展起来的非线性时间序列分析方法之一,从时间序列研究混沌始于 Packard 等提出的重构相空间理论。混沌理论指出了原本认为不可能预测的复杂事物具有可预测性,揭示了有序与无序,确定性与随机性的统一,一般的水文现象都既有确定性又有不确定性存在,如何在复杂的水文系统中找出相应的规律,是混沌分析能够解决的问题。1963 年,被誉为"混沌之父"的美国气象学家 Lorenz 在分析气象数据及求解他所提出的模型方程时,首次发现了混沌,并对混沌现象作出形象的描述[61-62];张珏[63]以石泉、安康水文站月径流序列为例,结合混沌相空间重构理论,对径流时间序列进行预测。

3.4.2　基于蚁群优化的 BP 神经网络

BP 算法在理论具有以下优点：网络结构简单、有比较强的记忆和联想能力、状态较稳定[64-65]，但在水文预报实际应用过程中，存在一些问题：新样本的输入对已学习的样本造成影响、需要靠经验来选取权重初值和神经元个数[66-67]。蚁群算法（ant colony optimization，ACO）是一种概率搜索算法，具有并行性、正反馈性、较强的鲁棒性和优良的分布式计算机制等优点，故针对上述问题，对 BP 神经网络进行如下改进：采用 ACO 与 BP 网络进行权值和参数结合（A-BP），对网络进行训练；对训练样本进行归一化处理。

1. 神经网络的基本原理

人工神经网络（artificial neural network，ANN）[68-69]为模拟人脑的神经网络结构与功能特性的一种非线性信息并行处理系统，是由大量的处理单元（人工神经元）相互连接而成的网络，具有自学习、自适应、自组织等特性。1982 年，神经网络模型应用能量函数概念，提出关于判断网络的稳定性方法；1983 年 Sejnowski 与 Hinton 提出了大规模并行网络学习机，同时明确提出了隐单元的概念；1986 年，提出了多层前馈型网络的权重调整误差反向传播算法，把人工神经网络的研究进一步深入，这种基于 BP 算法的前馈型网络一般称为 BP 网络，是目前应用最广泛的神经网络之一，可以用较高的精度来接近复杂的非线性函数，具有比较强的记忆和联想能力、状态较稳定、网络结构简单等优点。

1）BP 神经网络的结构

BP 网络一般有一个输入层、一个输出层、一个或多个隐含层构成，每一层都可有若干个节点，图 3.9 为 BP 网络的结构图。

设有 n 个输入层神经元，m 个隐层神经元，l 个输出层神经元，x_1，x_2，$\cdots$，x_n 为神经网络的输入，y_1，y_2，$\cdots$，y_l 为神经网络的输出。其中输入层的信息要传到隐含层，隐含层将得到的信息按非线性方式作为输入信息，传给输出层。隐含层一般通过激发函数产生输出信息，其激发函数一般选用 Sigmoid 函数。

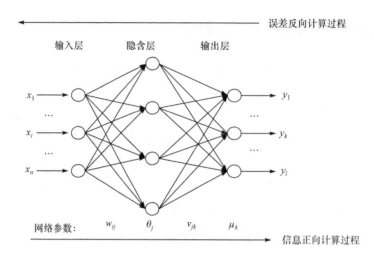

图 3.9　BP 神经网络的结构

2）BP 神经网络计算过程

BP 网络计算过程一般由正向计算过程和反向计算过程两部分构成。首先经过输入层、隐含层和输出层逐层计算处理，得到样本的输出，然后通过误差计算公式计算期望的样本输出与神经网络计算结果间的误差，最后根据误差来调整网络权重，再从后向前层层的修正各连接权重，一直到误差满足规定的要求。其主要步骤为：

（1）随机的产生初始阈值与权重。

BP 神经网络结构的输入层神经元个数，隐层神经元个数，输出层神经元个数(n,m,l)确定以后，依据神经网络的神经元基本原理，其中神经网络的参数包含从输入层 i 到隐含层单元 j 的权重 $w_{ij}(i=1,2,\cdots,n;j=1,2,\cdots,m)$；隐含层单元 j 的激活阈值 $\theta_j(j=1,2,\cdots,m)$；隐含层单元 j 到输出层单元 k 的连接权 $v_{jk}(j=1,2,\cdots,m;k=1,2,\cdots,l)$；输出层单元 k 的激活阈值 $\mu_k(k=1,2,\cdots,l)$。网络的初始权值一般随机产生与$[-1,1]$。

（2）训练样本的输出。

假设有 Q 个训练样本，第 $q(q=1,2,\cdots,Q)$ 个样本的输入 $x_{iq}(i=1,2,\cdots,n)$ 传递到隐含层上，经过激活函数 $f_1(s)$ 得到隐含层的输出信息 h_{jq}

$$h_{jq} = f_1(s_{jq}) = f_1\Big(\sum_{i=1}^{n} w_{ij}x_{iq} - \theta_j\Big), \ j = 1,2,\cdots,m, \ q = 1,2,\cdots,Q$$

$$(3.26)$$

激活函数 $f_1(s)$ 一般选择 Sigmoid 函数：

$$f(s) = \frac{1}{1 + e^{-x}} \tag{3.27}$$

隐含层的输出信息 h_{jq} 传递到输出层，得到网络输出 O_{kq} 为

$$O_{kq} = f_2(r_{kq}) = f_2\Big(\sum_{j=1}^{m} v_{jk}h_{jq} - \mu_k\Big), \ k = 1,2,\cdots,l, \ q = 1,2,\cdots,Q$$

$$(3.28)$$

$f_2(s)$ 可选用 Sigmoid 函数，但一般采用线性函数

$$f_2(s) = s \tag{3.29}$$

（3）误差的计算。

期望值 y_{kq} 和神经网络的计算输出 O_{kq} 之间通常存在一定的误差，则样本 Q 的误差函数 $E(q)$ 可表达为

$$E_q = \frac{1}{2q}\sum_{q=1}^{Q}\sum_{k=1}^{l}(O_{kq} - y_{kq})^2, \ k = 1,2,\cdots,l, \ q = 1,2,\cdots,Q$$

$$(3.30)$$

如果误差满足一定的精度要求，则网络学习结束，否则根据误差调整网络权值和阈值。

（4）调整权值和阈值。

已经确定了神经网络的神经元个数，可通过阈值和权值的调整，使误差降低，已达到提高计算精度的目的，可对 w 进行修正，由于误差函数 E_q 随着 w 呈负梯度变化，所以设 w 的修正值为

$$\Delta w(t+1) = w(t+1) - w(t) = -\eta\frac{\partial E_q}{\partial w} \tag{3.31}$$

式中：η 为学习率，取值范围为 $(0,1)$；w 为某个权重或阈值。

一般情况下，若 η 较大，网络虽然收敛快，但是会有振荡现象出现；若 η 较小，则网络训练收敛较缓慢。为避免这种情况，可以通过惯量因子 $\alpha(\alpha\in(0,1))$ 与式（3.31）进行综合：

$$\Delta w(t+1) = -\eta \frac{\partial E_q}{\partial w} + \alpha \Delta w(t) \tag{3.32}$$

对于隐含层：

$$\frac{\partial E_q}{\partial \theta_k} = \delta'_{jq} = f'_1(s_{jq}) \cdot \sum_{k=1}^{l} \delta_{kq} v_{jk}, \qquad \frac{\partial E_q}{\partial w_{ij}} = -\delta'_{jq} x_{iq} \tag{3.33}$$

故输入层到隐含层权重、隐含层阈值的修正公式为

$$\Delta w_{ij}(t+1) = \eta \delta'_{jq} x_{iq} + \alpha \Delta w_{ij}(t) \tag{3.34}$$

$$\Delta \theta_j(t+1) = -\eta \delta'_{jq} + \alpha \Delta \theta_j(t) \tag{3.35}$$

对于输出层神经元：

$$\frac{\partial E_q}{\partial \mu_k} = \delta_{kq} = (y_{kq} - O_{kq}) \cdot f'_2(r_{kq}), \qquad \frac{\partial E_q}{\partial v_{jk}} = -\delta_{kq} h_{jq} \tag{3.36}$$

故隐含层到输出层权重、输出层阈值的修正公式为

$$\Delta v_{jk}(t+1) = \eta \delta_{kq} h_{jq} + \alpha \Delta v_{jk}(t) \tag{3.37}$$

$$\Delta \mu_k(t+1) = -\eta \delta_{kq} + \alpha \Delta \mu_k(t) \tag{3.38}$$

调整权重以后，若误差不满足精度要求，则转步骤②继续进行计算，直到误差满足规定精度的要求。

2. 蚁群优化算法的基本原理

蚁群算法是根据蚂蚁觅食原理设计的一种优化算法[70-71]。具有并行性、正反馈性、较强的鲁棒性和优良的分布式计算机制等优点[72-73]，初始时刻，各条路径上的信息素相等，设从巢穴 i 到食物源 j 的信息素轨迹强度 $\tau_{ij}(0) = C_0(C_0$ 为常数)。蚂蚁 $k(k=1,2,\cdots,m)$ 在运动过程中根据各条路径上的信息量决定转移方向。在 t 时刻，蚂蚁 k 在路径 i 和路径 j 的转移概率 $P_{ij}^k(t)$ 为

$$P_{ij}^k(t) = \begin{cases} \dfrac{\tau_{ij}^\alpha(t) \eta_{ij}^\beta(t)}{\displaystyle\sum_{s \in \text{allowed}_k} \tau_{is}^\alpha(t) \eta_{is}^\beta(t)}, & j \in \text{allowed}_k \\ 0, & \text{其他} \end{cases} \tag{3.39}$$

式中：$\text{allowed}_k = \{0, 1, \cdots, n-1\}$ 为蚂蚁 k 下一步允许选择的目标；τ_{ij} 为边 (i,j) 上的信息素轨迹强度；η_{ij} 为边 (i,j) 的启发式因子；P_{ij}^k 为蚂蚁 k 的转移概率；α、β 为两个参数，分别反映蚂蚁在运动过程中积累的信息

和启发信息在蚂蚁选择路径中的相对重要性。各路径上信息素量根据下式调整：

$$\tau_{ij}(t+1)=(1-\rho)\tau_{ij}(t)+\rho\Delta\tau_{ij}(t,t+1) \tag{3.40}$$

$$\Delta\tau_{ij}(t,t+1)=\sum_{k=1}^{m}\Delta\tau_{ij}^{k}(t,t+1) \tag{3.41}$$

式中：$\Delta\tau_{ij}^{k}(t,t+1)$ 为第 k 只蚂蚁在时刻 $(t,t+1)$ 留在路径 (i,j) 上的信息素量，其值视蚂蚁表现的优劣程度而定，路径越短，信息素释放的就越多；$\Delta\tau_{ij}(t,t+1)$ 为本次循环路径 (i,j) 信息素量的增量；ρ 为信息素轨迹的衰减系数，通常设置 $\rho<1$ 来避免路径上轨迹量的无限增加。

本书将应用随机扰动的策略，防止蚁群算法的停滞现象，这就需要动态的调整随机选择概率，计算得到近似最优解，既缩短计算时间，又提高计算效率。

蚂蚁在选择路径时都是随机的，一般都会选择转移概率大的路径，但是最优路径不一定被选中，导致随后的搜索出现停滞现象。由于当前最优路径上的信息素比实际的没找到最优路径的信息素多，随着增加迭代次数，实际的最优路径上信息素越来越少，那么选择这条路径的概率就越来越小。考虑到算法的这种停滞现象，同时依据以上蚂蚁在选择路径上的特点，"扰动因子"将被加入，用来干扰蚂蚁选择路径，使信息素不是最多的路径以一定的概率随机的被选中，此路径可能是最好的，同时，在进化计算过程中随机选择的概率需动态调整，来增加选择路径的多样性，但是需要单独计算信息素最大路径的概率，以防止漏选最优路径，故扰动策略的转移概率可表述如下：

$$C_{ij}^{k}=\begin{cases}\dfrac{(\tau_{ij}\eta_{ij})^{\gamma}}{\displaystyle\sum_{s\in\mathrm{allowed}_{k}}\tau_{is}^{\alpha}(t)\eta_{is}^{\beta}(t)}, & \tau_{ij}\in\max\{\tau_{is}\},\ s\in\mathrm{allowed}_{k}\\[4mm]\dfrac{(\tau_{ij})^{\alpha}\cdot\eta_{ij}}{\displaystyle\sum_{s\in\mathrm{allowed}_{k}}\tau_{is}^{\alpha}(t)\eta_{is}^{\beta}(t)}, & \tau_{ij}=\tau_{is}-\max\{\tau_{is}\},\ p\leqslant p_{m},\ s\in\mathrm{allowed}_{k}\\[4mm]\dfrac{\tau_{ij}\cdot(\eta_{ij})^{\beta}}{\displaystyle\sum_{s\in\mathrm{allowed}_{k}}\tau_{is}^{\alpha}(t)\eta_{is}^{\beta}(t)}, & \tau_{ij}=\tau_{is}-\max\{\tau_{is}\},\ p>p_{m},\ s\in\mathrm{allowed}_{k}\\[2mm]0, & \text{其他}\end{cases}$$

$$\tag{3.42}$$

式中:γ 为具有倒指数的扰动因子;$p_m \in (0,1)$ 为随机变异率;p 为服从 $(0,1)$ 上均匀分布的随机变量。式(3.42)说明,蚂蚁在一次迭代过程中可选择若干条路径,用式(3.39)计算信息素最大的路径上的转移概率,用随机选择的方式,计算潜在的可选路径上的转移概率上述扰动策略是随机性选择和确定性选择的相结合,其中随机性选择使路径的选择和计算上有较强的随机性,确定性选择指蚂蚁会选转移概率最大的那条路径。

3. 基于蚁群优化 BP 神经网络的水文预报模型

1) 对训练样本进行归一化处理

因为输入的物理量不相同,所以在数值上相差很大,因此在计算前要归一化处理输入数据,使其转化到 $[0,1]$(对数 S 曲线),归一化变化按以下公式:

$$T = T_{\min} + \frac{T_{\max} - T_{\min}}{X_{\max} - X_{\min}}(X - X_{\min}) \qquad (3.43)$$

式中:X 为原始输入数据,$X_{\max}$、$X_{\min}$ 分别为其最大值和最小值;T 为变换后的数据,$T_{\max}$、$T_{\min}$ 分别为设定的最大值和最小值,$T_{\max}$ 通常取 $0.8 \sim 0.9$,$T_{\min}$ 为 $1 - T_{\max}$。

2) 蚁群算法对 BP 网络进行优化

首先应用蚁群算法优化 BP 神经网络的初始权值,然后应用该算法对网络样本进行训练,从而使网络输出误差最小,有效改善 BP 神经网络的易陷入局部极小、收敛速度慢等缺陷。具体计算步骤如下:

步骤 1 建立 BP 神经网络模型,包括网络层数、每层节点数、待优化权值的取值范围及样本。

步骤 2 初始化蚁群。将参数均匀地离散化,针对离散化后的点进行路径的初始化,构建一条完整的路径。路径上的信息素轨迹强度 $\tau_{ij}(0) = C_0$(C_0 为常数)。定义各参数离散点的组合为蚂蚁走过的路径,即代表问题的一个解。

步骤 3 蚁群算法的循环迭代。在每次迭代结束后,在 $(0,1)$ 上产生随机数 q,并与利用先验知识探索新路径的相对重要性阈值参数

$q_0(0 \leqslant q_0 \leqslant 1)$进行比较。若 $q \leqslant q_0$ 则按式(3.42)对各权值参数进行随机变异,随机变异为新的权值离散点,并把变异后的权值离散点加入到集合 S 中;若 $q \geqslant q_0$ 则按式(3.39)选择权值。

步骤 4　当所有蚂蚁完成构建后,输入训练样本,根据式(3.40)、式(3.41)对权值参数进行信息素更新。

步骤 5　将蚁群算法找到的一组最好权值作为 BP 算法的初始权值,计算网络输出和实际输出之间的误差,并将误差由输出层反向传播到输入层,调整权值,若误差达到预定精度要求或满足最大迭代次数 T,则算法结束;否则重新选择蚁群转步骤 2。

3.5　入库径流的中长期预测

采用基于蚁群优化的神经网络模型对滦河下游六水库的入库径流进行预测,分别选取潘家口水库、大黑汀水库、桃林口水库、于桥水库、邱庄水库、陡河水库 1975 年 1 月～2000 年 12 月共 26 年的入库径流资料为研究对象,将 1975 年 1 月～1995 年 12 月共 21 年的数据作为训练样本,将 1996 年 1 月～2000 年 12 月共 5 年的资料用于网络拟合检验,如图 3.10～图 3.15 所示。

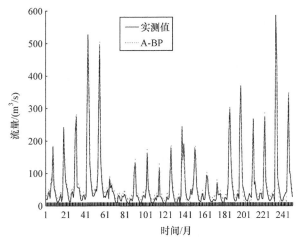

(a) 实测值与训练值比较图

(1975 年 1 月～1995 年 12 月)

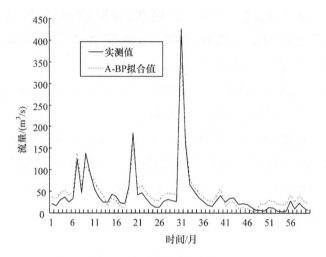

(b) 实测值与拟合值比较图

(1996 年 1 月～2000 年)

图 3.10　潘家口水库月入库流量预测

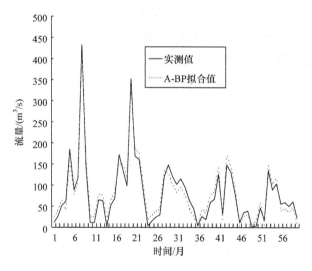

(a) 实测值与训练值比较图

(1975 年 1 月～1995 年 12 月)

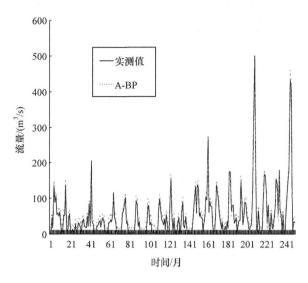

（b）实测值与拟合值比较图

（1996 年 1 月～2000 年）

图 3.11　大黑汀水库月入库流量预测

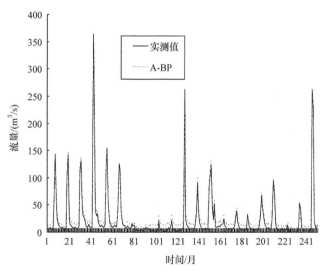

（a）实测值与训练值比较图

（1975 年 1 月～1995 年 12 月）

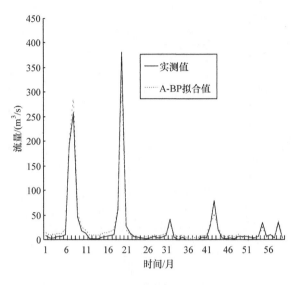

（b）实测值与拟合值比较图

（1996 年 1 月～2000 年）

图 3.12　桃林口水库月入库流量预测

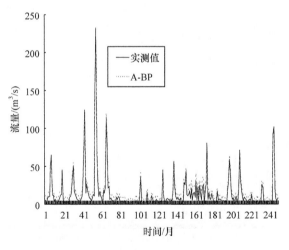

（a）实测值与训练值比较图

（1975 年 1 月～1995 年 12 月）

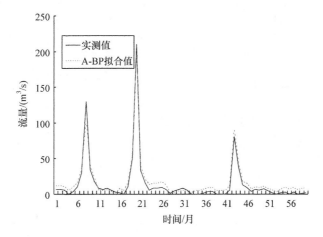

（b）实测值与拟合值比较图

（1996 年 1 月～2000 年）

图 3.13　于桥水库月入库流量预测

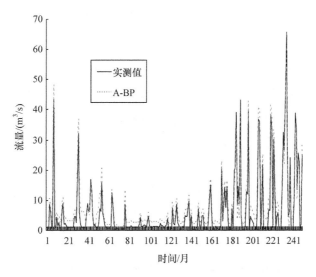

（a）实测值与训练值比较图

（1975 年 1 月～1995 年 12 月）

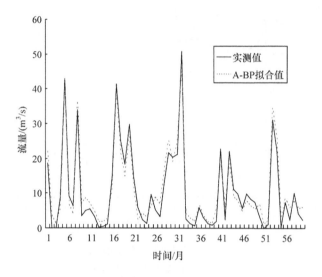

（b）实测值与拟合值比较图

（1996 年 1 月～2000 年）

图 3.14　邱庄水库月入库流量预测

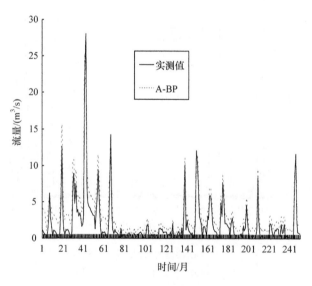

（a）实测值与训练值比较图

（1975 年 1 月～1995 年 12 月）

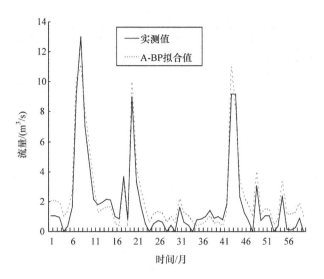

（b）实测值与拟合值比较图

（1996 年 1 月～2000 年）

图 3.15　陡河水库月入库流量预测

　　对图 3.10～图 3.15 进行分析可知,本书建立的基于蚁群优化的 BP 神经网络模型是合理可靠的,可对水库径流进行预测;利用式(3.30)对各水库预测误差进行计算,结果表明,各水库拟合值与实测值之间的误差,均在 10％以内,说明训练精度较高,能够满足要求,故可以对水库的径流进行预测。本书对滦河下游潘家口水库、大黑汀水库、桃林口水库、邱庄水库、陡河水库、于桥水库的 2001～2005 年各月径流进行预测,其结果如表 3.14 所示。

表 3.14　各水库入库径流预测结果　　　　　（单位:m³/s）

年-月	潘家口水库	大黑汀水库	桃林口水库	邱庄水库	陡河水库	于桥水库
2001-01	4.82	1.06	2.54	3.21	2.58	2.66
2001-02	27.65	7.57	24.93	7.46	0.62	4.33
2001-03	9.69	53.16	3.85	7.64	0.96	0.76
2001-04	23.1	51.51	29.98	2.31	1.75	0.25
2001-05	13.65	137.67	3.98	4.21	1.60	0.45
2001-06	6.91	16.95	5.62	19.18	1.04	1.26
2001-07	3.59	1.95	2.57	11.21	1.02	0.65

年-月	潘家口水库	大黑汀水库	桃林口水库	邱庄水库	陡河水库	于桥水库
2001-08	4.21	44.82	17.54	5.62	0.63	1.25
2001-09	10.35	56.84	6.85	3.48	0.35	0.58
2001-10	5.83	3.66	4.99	3.43	0.46	0.79
2001-11	0.06	4.76	3.65	2.58	0.56	0.54
2001-12	53.34	13.31	2.67	12.81	0.24	1.21
2002-01	119.77	1.92	1.94	0.22	1.02	0.38
2002-02	83.9	5.41	2.06	0.85	5.36	0.31
2002-03	35.92	27.79	2.54	0.67	3.84	0.56
2002-04	35.36	5.47	1.69	4.36	2.17	0.33
2002-05	17.12	0.78	1.30	30.19	1.01	2.21
2002-06	10.58	30.8	31.89	8.42	2.55	4.21
2002-07	6.44	28.68	30.90	7.53	4.00	8.35
2002-08	8.24	17.72	36.99	6.58	5.64	25.77
2002-09	14.6	6.38	13.25	11.12	2.21	5.31
2002-10	13.81	33.57	13.92	5.24	1.17	6.83
2002-11	6.12	42.52	7.55	9.94	0.79	5.43
2002-12	17.95	21.02	4.88	4.75	0.42	3.42
2003-01	16.8	20.21	4.83	3.87	1.29	1.9
2003-02	15.8	17.02	4.06	0.51	1.54	3.15
2003-03	11.34	51.01	4.08	8.64	1.31	0.38
2003-04	18.8	21.55	33.40	4.23	0.60	0.54
2003-05	14.73	84.61	33.66	7.4	0.30	0.85
2003-06	8.76	21.77	3.89	16.53	1.26	0.71
2003-07	5.32	23.22	10.51	5.63	9.49	0.76
2003-08	4.57	64.56	10.88	7.87	3.80	0.49
2003-09	9.51	46.66	4.56	4.76	3.61	0.52
2003-10	21.15	28.86	4.63	3.79	3.87	1.20
2003-11	10.55	12.16	32.90	2.07	0.39	1.32
2003-12	21.56	7.89	25.24	9.56	0.95	1.04
2004-01	38.77	12.03	2.31	0.38	0.85	0.38
2004-02	19.04	9.24	2.41	4.76	1.17	2.69
2004-03	23.56	27.17	3.15	4.27	1.40	0.76

续表

年-月	潘家口水库	大黑汀水库	桃林口水库	邱庄水库	陡河水库	于桥水库
2004-04	46.08	31.56	2.37	1.27	1.01	0.45
2004-05	33.13	24.44	2.11	3.79	0.38	1.35
2004-06	14.22	11.96	4.00	13.87	0.96	2.73
2004-07	8.99	4.37	5.34	13.37	4.76	1.53
2004-08	9.4	50.07	8.15	23.91	2.08	0.65
2004-09	16.79	5.06	8.38	10.21	2.88	2.01
2004-10	15.12	17.86	20.49	2.98	1.73	2.28
2004-11	7.14	37.21	9.10	4.28	0.76	0.76
2004-12	19.16	23.8	5.27	8.57	0.55	1.32
2005-01	42.68	1.35	3.37	3.4	0.81	1.25
2005-02	32.36	2.13	3.17	1.24	1.32	0.85
2005-03	40.22	5.92	3.65	2.2	1.74	0.64
2005-04	35.76	20.13	3.13	5.54	0.85	0.49
2005-05	23.19	64.05	2.45	23.99	0.22	0.35
2005-06	10.87	28.77	3.27	16.86	0.81	49.72
2005-07	5.78	10.64	6.50	8.55	9.64	26.83
2005-08	5.19	13.89	8.80	10.83	2.98	35.4
2005-09	12.89	65	18.68	3.75	3.24	17.66
2005-10	18.27	52.28	8.59	3.87	3.24	12.63
2005-11	19.61	5.36	6.25	4.36	0.47	6.1
2005-12	51.59	3.69	3.91	3.75	0.90	9.32

3.6　滦河流域需水预测

3.6.1　城市生活需水预测

城市生活需水量主要指城市人口生活的需求量,居民生活用水指维持居民日常生活的家庭与个人用水,通常包括饮水、洗漱、冲洗便器等的室内用水。对未来生活需水量预测离不开城市生活用水的历史与现状。居民生活用水量主要的影响因素有居住的条件、供水普及程度、家庭成员的结构变化、家庭的收支增减情况等。通常随着社会经济发展,用水量将会逐年的增加。

1. 天津生活需水预测

天津发展迅速,总人口从 1984 年 795 万人增加到 2003 年的 926 万人,预计到 2010 年常住人口数量可达 1300 万人,2020 年全市常住人口可达 1600 万人。

相应生活用水量将从 1984 年的 2.35 亿 m^3 上升到 2003 年的 4.20 亿 m^3,增加 1.85 亿 m^3,2010 城镇居民的生活用水定额采用 129L/(人·天),2020 年城镇居民的生活用水定额可采用 144L/(人·天),用此定额分别乘 2010、2020 年天津城镇的人口数,预测 2010 年城镇居民的生活需水量为 6.12 亿 m^3,2020 城镇居民生活的需水量为 8.41 亿 m^3。

城镇生活用水通过采用提高水价、全面的推广节水器具、改造供水体系与改善城市供水管网等的综合措施,有效减少了用水浪费现象。因此,预测 2010 年全市居民得生活需水为 5.64 亿 m^3,其中,城镇居民的生活需水为 4.93 亿 m^3,农村居民的生活需水量 0.71 亿 m^3。预测 2020 年全市居民的生活用需水量 7.35 亿 m^3,其中,城镇居民的生活需水量 6.16 亿 m^3,农村居民的生活需水 1.19 亿 m^3。

2. 秦皇岛生活需水预测

秦皇岛市人口由 1995 年 62.8 万人增加到 2000 年的 68.73 万人,到 2010 年以后,秦皇岛市人口的自然增长率将下降,但城市规模将进一步扩大,预计 2010 年城市人口是 300 万,2020 年城市人口是 320 万。

2005 年选定海港区的生活用水定额为 170L/(人·天),选定山海关与北戴河生活用水定额为 140L/(人·天)。随着生活设施的更加完善,节水设施的逐步先进,人们节水意识会更高,将对人均用水量有一定的影响,故选定 2010 年秦皇岛市的人均用水量为 190L/(人·天),2020 为 200L/(人·天)。用此定额分别乘以 2010、2020 年秦皇岛城镇的人口数,预测 2010 年居民的生活需水量为 2.1 亿 m^3,2020 年居民的生活需水量为 3.2 亿 m³。

3. 唐山生活需水预测

根据唐山市卫计委发布指标,2005 年唐山市人口为 172.71 万人;到 2010 年,京唐港开发区和南堡开发区都将达到 10 万人;同时,丰润城关增加的城市人口为 70 万人,人口达到 70 万人的还有迁安市、遵化市和玉田县,故唐山市人口会达到 750 万人;到 2020 年,唐山人口将会达到 790 万人。考虑现状生活的用水量基础以及生活水平提高等的因素,城镇居民人均的用水定额可按年平均增长 2~4L 来考虑。因此,预测唐山 2010、2020 水平年生活需水分别是 6.85 亿 m³ 和 9.51亿 m³。

3.6.2 城市工业需水量预测

工业需水主要是指企业在生产的过程中,用来加工、制造、冷却、洗涤、净化等方面用水量。城市的工业需水量多少,不但和工业发展的速度有关,而且和工业结构、节约用水的程度、工业的生产水平、用水的管理水平等因素有关。

本书中城市工业需水不包括第一产业的需水量,只考虑第二和第三产业的需水量。第二产业需水量分别按照一般工业与建筑工业来进行预测。同时随着设备的更新、工艺的改进,工业的用水指标将有一定幅度降低。从往年工业的万元产值用水量统计可看出,随着工业节水水平逐渐的推广,工业的用水循环利用率会不断提高,工业的万元产值需水量呈逐年递减的趋势。

1. 天津工业需水预测

2003 年天津市工业用水量为 5.35 亿 m³,占城市总用水量 25.6%。其电力用水为 0.67 亿 m³,一般工业用水为 4.68 亿 m³,分别占工业用水的 12.5% 与 87.5%。

1992 年后,随着国民经济进一步发展,到 2003 年,天津市国内生产总值年增长率为 12.4%,其工业年增长率平均达 13.23%。一般工业的万元产值耗水量逐步下降,1984 年 136 m^3/万元,到 2003 年为 11.5 m^3/万元。火电工业的重复用水利用率达 97%,综合工业的重复用水利用率为 82%。

考虑合理的调整工业布局与工业结构,通过淘汰部分高耗水工艺和设备、限制一些耗水项目、同时鼓励节水技术、设备和器具的研发,重点放在工业内部用水循环重复利用率上,并运用经济手段来推动节水改造,强化企业内部的用水管理并建立三级计量体系等措施后,预测 2010 年天津第二产业需水量为 7.05 亿 m^3,其工业需水量为 6.37 亿 m^3,建筑业需水量为 0.68 亿 m^3;预测 2020 年城市第二产业需水量为 8.25 亿 m^3,其工业需水量 7.91 亿 m^3,建筑业需水量 0.34 亿 m^3。

天津 2003 年工业的万元增加用水定额是 45.4 m^3/万元,随着工业的产业结构逐步调整,天津近几年工业万元增加值的用水量呈逐渐下降趋势,确定 2010 年工业的万元增加值用水定额为 35 m^3/万元。2020 年用水定额为 26 m^3/万元。因此,可预测,2010 年的工业需水为 28.09 亿 m^3,2020 年的工业需水为 29.57 亿 m^3。

2. 秦皇岛工业需水预测

秦皇岛市用水量呈明显的递减趋势,工业用水量从 1995 年 7461.7 万 m^3 降到 2000 年的 5389.4 万 m^3,总体下降的幅度为 27.8%,每年平均下降 4.6%。万元产值的取水量由 1995 年的 64.6m^3 下降到 2000 年的 41.5m^3,总体下降的幅度为 36.7%,每年平均下降 6.3%。

秦皇岛市第十个五年规划提出,"十五"期间,随着经济社会的发展,国内生产总值的年均增长为 10% 左右,到"十五"末期国内生产总值将达 460 亿元左右。依据此计划指标,来预测秦皇岛市工业生产总值。2001 至 2010 年按规划的增长速度 10% 预测,2011 年至 2020 年按 8% 来预测城市工业产值。预测得到 2010 和 2020 水平年秦皇岛市工业需水分别是 23.14 亿 m^3 和 24.76 亿 m^3。

3. 唐山工业需水预测

依据唐山市计委提出的全市工业总产值的预算指标,城市工业的总产值则按市计委提供的发展比例来计算,得到 2010 和 2020 年城市工业的总产值占全市工业的总产值比例分别为 27% 和 19%,而城市工业的总产值分别是 846.72 亿元和 2305.65 亿元。2003 年唐山市的工业万元产值用水量为 133 m³。根据工业的用水量来预测,唐山市的工业用水量到 2010 年将会达到 32.32 亿 m³,到 2020 年将会达到 32.17 亿 m³。

3.6.3　滦河下游农业需水量预测

滦河下游农业灌溉需水由潘家口、大黑汀和桃林口水库供给,其需水量按潘家口历年来水情况和拟定的灌区 25%、50%、75% 三种灌溉制度进行频率的组合。频率组合按三种情况:来水频率小于 37.5% 的年份,配 25% 灌溉制度;来水频率介于 37.5%~62.5% 的年份,配 50% 灌溉制度;来水频率大于 62.5% 的年份,配 75% 灌溉制度,计算出不同典型年逐月灌溉需水过程。其灌区 2010 水平年农业灌溉需水量见表 3.15,2020 水平年农业灌溉需水量见表 3.16。

表 3.15　滦河下游 2010 水平年农业灌溉需水量　　　（单位:万 m³）

月份　　　　灌溉制度	25% 灌溉需水量	50% 灌溉需水量	75% 灌溉需水量
1 月	0	0	0
2 月	0	0	0
3 月	8009	8561	9197
4 月	7885	8429	9006
5 月	8086	8644	8933
6 月	9621	10285	10498
7 月	8655	9251	10237
8 月	7764	8300	9673
9 月	7980	8530	8956
10 月	0	0	0
11 月	0	0	0
12 月	0	0	0
合计	58000	62000	66500

表 3.16　滦河下游 2020 水平年农业灌溉需水量　　（单位:万 m³）

灌溉制度 \ 月份	25%灌溉需水量	50%灌溉需水量	75%灌溉需水量
1 月	0	0	0
2 月	0	0	0
3 月	7595	8285	8685
4 月	7477	8157	8505
5 月	7668	8365	8436
6 月	9124	9953	9994
7 月	8207	8953	9667
8 月	7363	8032	9135
9 月	7567	8255	8458
10 月	0	0	0
11 月	0	0	0
12 月	0	0	0
合计	55001	60000	62880

3.7　小　　结

本章首先分析潘家口水库径流的年内和年际变化规律,以及对年型转移概率进行统计分析,并在此基础上建立混合 Copula 函数分布模型,分别分析潘家口、陡河、于桥水库和潘家口、桃林口水库的丰枯补偿特性,通过水库间丰枯遭遇分析,结果表明水库群具有相互补偿能力,同时建立基于蚁群优化的神经网络模型对滦河流域供需水进行预测,为后续水库群联合供水调度打下基础。

第 4 章 供水水库群优化调度三层规划模型

4.1 引　　言

　　针对大规模跨流域供水水库群联合调度中调水、引水、供水三者之间的复杂性、动态性和不确定性的特点,在二层规划模型的基础上,应用博弈论原理,建立跨流域水库群供水调度规则的三层规划模型,提出调水规则、引水规则和供水规则相结合的跨流域水库群优化调度规则,从深层次揭示跨流域供水水库群之间的主从递阶层次的独立性及相互关联性;并应用基于免疫进化的粒子群算法对模型进行分层优化求解。并以滦河下游跨流域水库群为对象进行研究。

　　跨流域水库群供水调度是跨流域调水的一项重要内容[74-76],由于其在时空上水力和水量的复杂、动态性,该问题成为了国内外专家学者研究的热点与难点问题。因此,制定科学、合理、有效的大规模跨流域水库群供水调度规则,为调度决策者提供理论依据,对于发挥工程最佳效益,具有重要的科学研究价值。

　　二层规划模型对于水源水库、受水水库数目较少的情况应用较广泛,但对于大规模跨流域水库群,由于水源水库(群)、受水水库(群)数量较多,水力、空间、时间关系复杂,供水调度时机和调水量、引水分配及合理有序供水等一系列问题,二层规划模型难以对这些影响因素进行客观反映。20 世纪 80 年代受到博弈论中施塔克尔贝格(Stackelberg)模型的启发,多层规划模型引起众多学者的关注,在经济领域中取得一定的进展,针对二层规划模型中制定供水规则的问题,统筹考虑调水、引水、供水间的内在联系,应用多层规划模型解决大规模跨流域水库群供水调度规则的制定,是该领域研究的发展趋势。

　　针对大规模跨流域水库群供水调度规则制定的复杂性、动态性,建立并求解跨流域水库群供水调度规则的三层规划模型,以提取供水水库群的调水规则、引水规则和供水规则,并揭示三者之间的主从递阶层次关系,进而完善跨流域水库群供水调度理论体系。

4.2　供水水库群优化调度三层规划模型的建立

　　跨流域水库群供水调度决策问题由三个具有层次性的决策者组成,上层水源水库(群)的调水规则、中层受水水库(群)的引水规则、下层对于供水区用水部门的供水规则,各层次具有相对的独立性及相互关联性,上、中、下三层均有各自的目标函数和约束条件,高层目标函数不仅与本层决策变量有关,还依赖于其他低层的最优解,低层问题的最优解又受高层决策变量的影响,建立三层规划模型,提取跨流域水库群供水调度规则,揭示三层规划之间主从递阶层次关系及动态关联性,强调整体达到最优。

　　三层规划模型的一般形式为

$$
\begin{cases}
\max\limits_{x} f_1(x,y,z) \\
\text{s.t.} \quad \psi_1(x,y,z) \leqslant 0 \\
\max\limits_{y} f_2(x,y,z) \\
\text{s.t.} \quad \psi_2(x,y,z) \leqslant 0 \\
\max\limits_{z} f_3(x,y,z) \\
\text{s.t.} \quad \psi_3(x,y,z) \leqslant 0
\end{cases}
\tag{4.1}
$$

式中:$x \in R^{n_1}$,$y \in R^{n_2}$,$z \in R^{n_3}$,其中 x、y、z 分别为上层、中层、下层的决策变量;n_1、n_2、n_3 分别为每层研究对象的数量;$f_\delta(x,y,z)(\delta=1,2,3)$ 为各层目标函数;$\psi_\delta(x,y,z)(\delta=1,2,3)$ 为各层约束条件。

　　上层确定其决策 x(初始调水控制线)并传递给中层模型,中层对上层的决策 x 作出反应,确定其最优决策 y(引水控制线),最后下层对上层决策 x 和中层决策 y 作出反应,确定其最优决策 z(供水调度图)。以上过程完成后,上层决策再根据中层和下层决策对 x 决策做出调整,中层和下层又根据上层的决策对 y、z 决策作出调整,如此循环,最终达到整个系统的最优决策 (x^*,y^*,z^*)。

在大规模跨流域水库群供水调度中,如果确定了水源水库的调水决策 x,则受水水库根据调水决策 x 确定各水库的引水决策 y,而下层的供水决策 z 由调水决策 x 和引水决策 y 确定,最后根据水库群调度情况调整水源水库的调水决策 x。

4.2.1　上层调水模型

对于调水规则,水库调水的条件为:水源水库(群)水量充足,受水水库(群)处于缺水状态。水源水库(群)不向受水水库(群)调水情况的判断:水源水库(群)没有富余水量,无论受水水库(群)缺水还是不缺水;或水源水库(群)水量充足,而受水水库(群)处于不缺水状态。这些都可以由调水控制线反映,调水控制线的高低决定了调水是否启动,从哪个水源水库中调水,因此,调水控制线的位置是实现调水目标的重要决策。故上层调水规则的目标函数为:调水量接近目标调水量,总弃水量最小,应用权重系数将多目标函数变为单目标进行求解,优化调水规则。

目标函数

$$\min_x f_1 = w_D \sum_{i=1}^{n_1} |D_i - T_i| + w_q \sum_{i=1}^{n_1} q_i \tag{4.2}$$

式中:D_i 为上层水源水库的调水量;T_i 为水源水库的目标调水量;q_i 为上层水库的弃水量;i、n_1 分别为水源水库编号和数目;W_D、W_q 分别为不同目标的权重系数。

$$\text{s. t.} \begin{cases} D_i = f_1(x,y,z) \\ q_i = f_2(x,y,z) \\ V_{i,t+1} = V_{i,t} + I_{i,t} - D_{i,t} - S_{i,t} - q_{i,t} \\ V_{i,0} \leqslant V_{i,t+1} \leqslant V_{i,c} \\ 0 \leqslant D_i \leqslant D_{\max} \end{cases} \tag{4.3}$$

其中:D_i 和 q_i 为决策变量的 X、Y、Z 的函数;$V_{i,t}$、$V_{i,t+1}$ 为 i 水库 t 时段

初、末的水库蓄水量；$I_{i,t}$、$D_{i,t}$、$S_{i,t}$ 和 $q_{i,t}$ 分别为 i 水库 t 时段的来水量、调水量、损失水量和弃水量；$V_{i,0}$、$V_{i,c}$ 为 i 水库蓄水限制水位（$V_{i,0}$ 为 i 水库死水位，$V_{i,c}$ 在非汛期指正常蓄水位，汛期指汛限水位）；$D_{\max}$ 为限制最大的过流能力，变量非负。

4.2.2　中层引水模型

随着受水水库数量的增多，其调度时段的调水状态随即增加：调水量如何在多个受水水库中进行分配、什么时候引水、各受水水库的引水量及不同的引水时间等一系列调度问题。对于决策者来说，需要确定把调水量优先蓄在哪个水库中。结合水源水库（群）的调水规则，考虑受水水库的特征、水量损失与供水区间距等因素，以引水量接近可调水量，水量损失最小为目标函数。

中层引水模型：

目标函数

$$\min_{y} f_2 = w_1 \left(\sum_{i=1}^{n_1} D_i - \sum_{j=1}^{n_2} B_j \right) + w_2 \sum_{j=1}^{n_2} S_j + w_3 \sum_{j=1}^{n_2} q_j \quad (4.4)$$

式中：j、n_2 分别为受水水库编号和数目；B_j 为中层受水水库的引水量；S_j 为水量损失；q_j 为弃水量；W_1、W_2、W_3 分别为不同目标的权重系数。

$$\text{s. t.} \begin{cases} B_j = f_3(y,z) \\ S_j = f_4(y,z) \\ q_j = f_5(y,z) \\ \sum_{j=1}^{n_2} B_j \leqslant \sum_{i=1}^{n_1} D_i \\ 0 \leqslant B_j \leqslant B_{\max} \end{cases} \quad (4.5)$$

其中：B_j、S_j 和 q_j 为决策变量的 Y、Z 的函数；$B_{\max}$ 为引水最大过流能力；水量平衡约束、水库库容约束同式（4.3）中，变量非负。

4.2.3　下层供水模型

供水规则应充分考虑各水源之间存在的相互影响关系，使各不同供水区不同用水部门缺水指数最小,确定水库对不同用水部门公平合理的供水问题,解决共同供水任务下水库群供水分配问题,如不同用水部门的供水量,在下层供水规则中按不同供水区及不同用水部门的重要程度拟定供水优先顺序,对于不同优先级别的供水区和用水部门,以水库相应蓄水状态和不同部门用水的限制供水线之间的大小关系,共同判断是否需要对用水部门进行限制供水。以用水部门缺水指数最小为目标函数,各库限制供水线位置为决策变量,优化供水规则,同时协调供水保证率和缺水破坏深度之间的关系,提高广义供水保证率,降低缺水破坏深度。

在供水调度图(图 4.1)中将兴利供水和生态供水组合,假设水库群承担供水任务为:生活供水(D_1)、工业供水(D_2)、农业供水(D_3)、生态环境供水(D_4),采用 6 条控制线将调度图分为 5 个区间;引水调度图(图 4.2)由四条引水控制线将水库引水调度图划分为 3 个区:I 区不引水,II 区按一定规则引水,III 区按管道的最大引水能力引水(满引)。结合不同用水部门的供水保证率及优先级,各调度区供水规则依次为(表 4.1)。

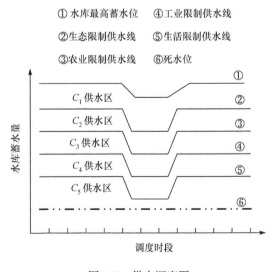

图 4.1　供水调度图

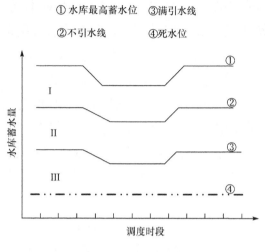

图 4.2　引水调度图

表 4.1　水库供水调度图各区供水规则

调度图各调度区	用水户			
	生活供水(D_1)	工业供水(D_2)	农业供水(D_3)	生态环境供水(D_4)
C_1 供水区	正常	正常	正常	适宜生态需水
C_2 供水区	正常	正常	正常	最小生态需水
C_3 供水区	正常	正常	限制	最小生态需水
C_4 供水区	正常	限制	限制	最小生态需水
C_5 供水区	限制	限制	限制	最小生态需水
限制供水系数	∂_1	∂_2	∂_3	

下层供水模型：

目标函数

$$\min_z f_3 = W_4 \sum_{h=1}^{H} C_h + W_5 \sum_{l=1}^{L} C_l + W_6 \sum_{g=1}^{G} \alpha_g P_g A_1 + W_7 \sum_{g=1}^{G} \beta_g A_2$$

$$(4.6)$$

式中：H、L 分别表示高优先级、低优先级供水区的数目；C_h、C_l 分别为高优先级、低优先级供水区的缺水指数；g、G 为用水部门编号和用水部门总数；P_g 为用水部门 g 的广义保证率；α_g、β_g 为罚系数，当用水部门 g 不满足保证率时，$\alpha_g=1$，否则 $\alpha_g=0$；当用水部门 g 供水发生超破坏深度

时 $\beta_g=1$，否则 $\beta_g=0$；A_1、A_2 为足够大的惩罚量；W_4、W_5、W_6、W_7 分别为不同目标的权重系数。

$$\text{s. t.}\begin{cases} H+L=n_3 \\ C_k=\sum_{k=1}^{n_3}\sum_{t=1}^{N}\left[\dfrac{R_k(t)-U_k(t)}{R_k(t)}\right] \\ 0\leqslant C_t\leqslant\sum_{g=1}^{G}\sigma_g R_{gt} \\ \eta_\mathrm{L}\leqslant 5\%,\quad \eta_\mathrm{I}\leqslant 10\%,\quad \eta_\mathrm{A}\leqslant 30\% \end{cases} \tag{4.7}$$

其中：k、n_3 为供水区编号和总供水区数目；$R_k(t)$、$U_k(t)$ 分别为 t 时段供水区 K 的需水量和供水量；C_k、C_t 分别为 k 供水区、t 时段的缺水指标；σ_g 为供水允许的破坏深度；R_{gt} 指 g 用户的 t 时段需水量；η_L、η_I、η_A 分别为生活、工业、农业的最大破坏深度，变量非负。

4.3　小　　结

针对大规模跨流域水库群供水调度规则制定的复杂性、动态性，建立跨流域水库群供水调度规则的三层规划模型，以提取供水水库群的调水规则、引水规则和供水规则，并揭示三者之间的主从递阶层次关系；三层规划模型虽然建模和求解的难度增加，但对于越来越复杂的水库群联合调度是必不可少的研究途径，求解大规模跨流域水库群优化调度规则合理、有效；将三层规划模型用于滦河流域水库群中，提高了整个库群的供水效益及供水区（唐山、天津）的供水保证率，减低了供水区的缺水破坏深度。虽然三层规划模型能在一定程度上完善跨流域水库群供水调度理论体系，但在求解中，忽略了一些变量及影响因素，如可适当地考虑"返水方案"（受水区将"剩余"的水资源返还到原河道）等问题，在以后的研究中需进一步完善和深入。

第5章 水库群共同供水任务分配规则

复杂水库群联合供水调度种类繁多,关系复杂,既相互影响又相互制约,由于其在时空上水量分配的复杂性、动态性,制定科学、合理有效的共同供水任务的水库间分配规则,从而减少弃水量,提高供水保证率,是本书解决的重点内容。分别采用优先度原理和平衡曲线方法对串联和并联水库群共同供水任务分配进行研究,揭示混联供水水库群间水量分配规则,进一步完善复杂水库群供水调度理论体系。

水库群供水调度模型可表达为:

以弃水量 f_2 最小的前提下供水区缺水率 f_1 最小为目标函数,建立水库群供水调度模型。

目标函数

$$f = f_1 \mid f_2 = \min \sum_{i=1}^{N} \sum_{t=1}^{T} \frac{R_{it} - G_{it}}{R_{it}} \Bigm| \min \sum_{i=1}^{N} \sum_{t=1}^{T} Q_{it} \tag{5.1}$$

约束条件

$$V_{it+1} = V_{it} + I_{it} - S_{it} - G_{it} - Q_{it} \tag{5.2}$$

其中:

$$R_{it} = R_{it}^{(1)} + R_{it}^{(2)} \tag{5.3}$$

$$G_{it} = G_{it}^{(1)} + G_{it}^{(2)} \tag{5.4}$$

$$V_{it,\min} \leqslant V_{it} \leqslant V_{it,\max} \tag{5.5}$$

$$\sum_{i=1}^{N} R_{it}(1-\rho) \leqslant \sum_{i=1}^{N} G_{it} \leqslant \sum_{i=1}^{N} R_{it} \tag{5.6}$$

其中:

$$\rho_L \leqslant 5\%, \quad \rho_I \leqslant 10\%, \quad \rho_A \leqslant 30\% \tag{5.7}$$

式中:i 和 N 分别为水库序号和系统水库总数;t 和 T 分别为调度时段和时段总数;R_{it}、G_{it}、Q_{it} 分别为 i 水库 t 时段需水量、供水量、弃水量;$R_{it}^{(1)}$、$R_{it}^{(2)}$ 分别为 i 水库 t 时段独立需水量和共同用户需水量;$G_{it}^{(1)}$、$G_{it}^{(2)}$ 分别为 i 水库 t 时段独立供水量和对共同用户供水量;V_{it}、V_{it+1} 分别为 i

水库时段初和时段末的蓄水量；I_{it}、S_{it} 分别为 i 水库 t 时段入库流量和蒸发渗漏等损失水量；$V_{it,\min}$ 一般为死库容，$V_{it,\max}$ 允许的最大库容，非汛期一般为正常蓄水位下的库容，汛期为防洪限制水位下的库容；ρ 为用水户允许的破坏深度；ρ_L、ρ_I、ρ_A 分别为供水区生活、工业、农业的最大破坏深度；且所有变量非负约束。

　　本书将混联水库群分别划分为串联水库群系统和并联水库群系统，根据水库间不同的水利关系分别进行共同供水任务的分配进行研究。共同供水任务在水库间分配规则主要包括两个方面：①根据各水库当前蓄水状态，确定水库群对各用户是限制供水还是按需供水，即确定系统总的供水量；②按照一定的分配规则分配共同供水任务到串联或并联的各成员水库，制定合理的蓄水量分配规则，即确定由哪个水库供水。

　　以图 5.1 和图 5.2 所示的并联、串联水库为例，各水库承担各自独立用户供水任务外，还有共同供水任务，其中独立用户供水量的确定与单库供水规则相近。但在制定共同供水任务水量分配时，不仅要确定串联系统或并联系统总的共同供水量，还要考虑各水库的蓄水状态，根据每个任务水库的状态特征合理分配共同供水任务。其中并联水库是通过共同供水用户联系起来的；串联水库间共同供水任务分配的关键是合理确定上游水库对下游水库的下泄量。

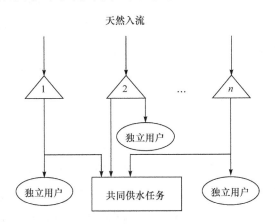

图 5.1　并联水库共同供水示意图

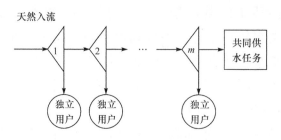

图 5.2　串联水库共同供水示意图

图 5.1 和图 5.2 中，m、n 分别为串联成员水库和并联成员水库的个数，且 $m+n \leqslant N$。

5.1　串联水库群共同供水任务分配规则

以供水为主对共同供水任务的水库间进行水量分配，需要考虑水库群在供水区缺水的情况下，怎么以最快速度供给各供水区，即减少水量损失，又缩短供水流达时间，本书引用优先度 ϕ 原理，解决各受水水库引水量及引水时间问题，但优先调度原则不能破坏水库群的最优供水调度结果。

水库群供水调度的复杂性不仅由于变量维数的增加，主要是由于水库群之间的水力补偿关系，水库群的供水次序为自下而上原则，下游各水库将本库的天然入流和有效蓄水利用智能优化算法配给供水区，当水量不足时要求上一级水库放水补给。水库间供水应遵循"有弃水无缺水，有缺水无弃水"的原则，即当第一个水库产生弃水时，使弃水进入下一个水库中进行调节，以此类推一直到末水库，如果依然产生弃水，将其视为弃水量。因此，这种情况，在水库群供水过程中应该考虑，将多余的水量储存在哪个水库中，从而使得水库供水的水量损失最小；同时，在供水区缺水的情况下，怎么以最快的速度供给供水区，缩小供水流达时间；当末水库库容达到库容下线（通常为死水位）时，供水区仍产生缺水时，不能作为供水区的最终缺水状态，因为它上一水库可以对其进行补偿调度，以此类推一直到第一个水库，如果依然产生缺水，则将视为供水区的最终缺水状态，在这种情况下应从水库群的末水库算起直到第一个水库。

水库群供水调度不同于水库群发电调度,其最优解是唯一的,但水库相应的蓄放水过程却并不唯一,在水库群联合调度中,当优化供水结果确定后,水库群之间的调度过程是可以改变的,其水库的最终调度线,由两部分组成,一部分是通过自流入水库的水量经过调节形成的,其过程是固定的;另一部分是上一水库调度的入流水量经过调节形成的,其过程是不固定的。例如串联水库存在如下水利关系:$i-1 \rightarrow i \rightarrow$ $\cdots$,t 时段多余的水量一部分可以蓄在 $i-1$ 水库中,一部分可蓄在 i 水库中,故对于决策者来说,需要确定优先把水量蓄在哪个水库中,即优先度 ϕ 问题,优先调度原则不能破坏水库群的最优供水调度结果。因此为了确定共同供水任务串联各水库供水调度线,需要考虑共同供水任务如何最优的分配到相应的具体水库中,使各水库供水的弃水量及水量损失最小。

对于串联两库 $i-1,i$ 在某调度时段 t 供水调度的情况,对于下一级 i 水库的水量主要输出和输入项有四项:①t 时段水库 i 的天然入流 i_{it};②t 时段上一级水库 $i-1$ 经过调度的入流至 i 水库的水量 E_{it};③t 时段水库 i 的损失水量 S_{it};④t 时段水库 i 对相应供水区的供水量 G_{it}。因此,对于水库 $i-1,i$ 来说,只有 E_{it} 是可变的,根据蓄水优先度不同,可以考虑以下三种情况考虑:①优先考虑 $i-1$ 库的蓄水,认为优先度 $\phi=0$;②优先考虑 i 库的蓄水,认为优先度 $\phi=1$;③考虑将余水按一定优先度进行调蓄,把下游水库所辖供水区的需水按一定优先程度提前调入该水库中,达到预蓄的目的,一部分蓄在 $i-1$ 水库中,一部分蓄在 i 库中,认为优先度 $0<\phi<1$。由上可知优先度 ϕ 的取值范围为 $0\leqslant$ $\phi\leqslant1$。下面将分别介绍以上三种情况:

(1) 分析优先考虑将多余水量蓄在上一级水库 $i-1$ 库中,优先度 $\phi=0$,即只有下游水库 i 供水出现不足的时候,才要求上一级水库 $i-1$ 放水补充,但当上一级 $i-1$ 水库在某时段出现弃水时,下级水库需自上而下的进行逐级拦蓄,若到最下游水库仍出现弃水时,应修正上级水库的供水策略,提高该时段的供水满足程度。

(2) 分析优先考虑将多余水量蓄在下一级水库 i 库中,优先度 $\phi=$

1。主要从以下两方面考虑：

① 优先考虑 i 库蓄水，不能使 $i-1$ 库的库容小于最小库容 V_{i-1min}（一般为死库容）。对于 $i-1$ 库 t 时段的库容线 V_{i-1t}，需要从时段末向前逐时段检查到初始时段是否达到 $i-1$ 库的最小库容 V_{i-1min}，即

$$E_{it} = \min(V_{i-1t}, \cdots, V_{i-1T}) - V_{i-1min} \qquad (5.8)$$

② 先考虑 i 库蓄水，不能使 i 库产生弃水，即 i 库 t 时段的弃水 $Q_{it}=0$。

$$Q_{it} = \max(V_{it} + E_{it}) - V_{imax} \qquad (5.9)$$

式中：E_{it} 为 t 时段 $i-1$ 水库向 i 水库的最大调水量。

（3）按一定优先程度，将余水一部分蓄在 $i-1$ 库中，一部分蓄在 i 库中，优先度 $0 < \phi < 1$。

由于各水库的库容面积曲线的不同，水面蒸发损失不同，故将水放于哪个库中的水量损失也不同；若水库间距较远，则应急调水到供水区，受输水管道流量的限制，需要一定的时间。因此综合考虑以上两方面的原因，可选择合适的优先度 ϕ 值，既能达到预蓄的目的，又能减少水量损失，及时的调水给共同用户，同时需要满足以上两方面的要求。可用下式进行表述：

$$E_{it} = \phi \{ \min(V_{i-1t}, \cdots, V_{i-1T}) - V_{i-1min} \} \qquad (5.10)$$

$$\phi = f(M_{it}, S_{it}, R_{it}, G_{it}) \qquad (5.11)$$

$$E_{it} \leqslant V_{imax} - V_{it} \qquad (5.12)$$

式中：ϕ 为 i 水库 t 时段水面面积 M_{it}、i 水库 t 时段的损失水量 S_{it}、i 水库 t 时段需水量 R_{it}、供水量 G_{it} 的函数。

5.2　并联水库群共同供水任务分配规则

5.2.1　基于平衡曲线的分配规则

由于并联水库群是通过共同供水任务产生的水力关系，因此其蓄水空间分配问题更加复杂。如图 5.1 所示，每个水库都有独立供水要

求,故先按单库调度规则,满足独立用户用水要求,重点求解 $G_{it}^{(2)}$,即 i 水库 t 时段给共同用户的供水量。本书通过拟定合理的平衡曲线,制定含有供水约束与独立用户的并联水库系统共同供水任务的分配规则,描述调度时段系统总蓄水量与并联各成员水库理想蓄水量之间的关系,指示各库在不同调度时段的蓄水最佳分配规则。由于在水库群供水调度中,汛期及非汛期的来水、供水的不同,导致各库蓄水量的变化,因此,平衡曲线具有不同调度时期的分段性。即每段具有不同的斜率。本书将调度时段分为汛前、汛期、汛后、干旱期 4 个时段,假设并联水库由 2 个成员水库组成,则平衡曲线示意图如图 5.3 所示。

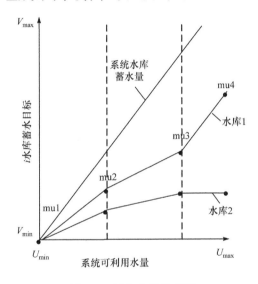

图 5.3　平衡曲线示意图

当水库入流大于需水时,库群系统需要存储多余的水量,因此通过对比不同分段内各成员水库平衡曲线的斜率,表明水库系统对共同供水任务在各成员水库中的分配情况。平衡曲线具有如下特征:

(1) 由于各水库的蓄水量不大于并联水库群总蓄水量,斜率为 0、1 或按来水比例确定,故各成员水库在每段的斜率均在[0,1]。

(2) 各库蓄水量之和等于系统总蓄水量,故在任意两个拐点之间成员水库的斜率之和等于 1。如图 5.3 所示,mu3 拐点之后水库 2 的斜率为 0,则水库 1 的斜率必为 1,物理意义表示:系统蓄水量的变化不改变水库 2 的蓄水状态,多余水量不存放在此库中,而是全部存于水库 1 中。

（3）由于平衡曲线的横坐标为系统总蓄水量,因此横坐标中不包含成员水库的编号,且每个成员水库具有相同的拐点个数,且拐点横坐标都是一样的,因此平衡曲线拐点的坐标为(u_t^r, v_{it}^r),其中$r = (\text{mu1}, \text{mu2}, \cdots, \text{Mu})$,mu、Mu 分别为拐点的序号和总数。图 5.4 中第一个和第四个拐点坐标已知,分别为:$(U_{\min}, V_{i\min})$、$(U_{\max}, V_{i\max})$。假设第二个、第三个拐点坐标分别为:$(u_t^{\text{mu2}}, v_{it}^{\text{mu2}})$、$(u_t^{\text{mu3}}, v_{it}^{\text{mu3}})$,可由调度期末系统蓄水量插值得到两个拐点间坐标$(U_t, V_i^*)$,则$V_i^*$即为$i$水库$t$时段末的目标蓄水量,从而在任何时段可对共同供水进行水量分配。

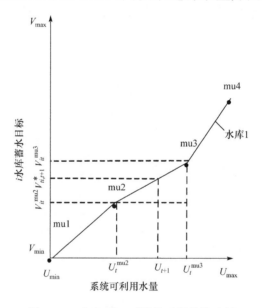

图 5.4　i 水库$t+1$ 时段的平衡曲线示例

$$\frac{v_{it}^{\text{mu3}} - v_{it}^{\text{mu2}}}{u_t^{\text{mu3}} - u_t^{\text{mu2}}} = \frac{V_{i,t}^* - v_{it}^{\text{mu2}}}{U_t - u_t^{\text{mu2}}} \tag{5.13}$$

则

$$V_{i,t}^* = v_{it}^{\text{mu2}} + \frac{v_{it}^{\text{mu3}} - v_{it}^{\text{mu2}}}{u_t^{\text{mu3}} - u_t^{\text{mu2}}} \cdot (U_t - u_t^{\text{mu2}}) \tag{5.14}$$

平衡曲线描述调度时段末系统总蓄水量U与成员各库理想蓄水量V_i^*之间的关系,指示系统蓄水量在各成员水库中的最佳分布。

$$V_{it}^* = f(U_t) \tag{5.15}$$

约束条件：

（1）水量平衡约束

$$U_t = \sum_{i=1}^{n}(V_{it} + I_{it} - S_{it} - Q_{it}) - G_t \qquad (5.16)$$

（2）系统对共同供水用户总供水量约束

$$G_t = G_{it} + G_{2t} + \cdots + G_{nt} \qquad (5.17)$$

$$R_t^{\min} \leqslant G_t \leqslant R_t \qquad (5.18)$$

（3）平衡曲线约束：各库目标蓄水状态或实际蓄水状态之和等于系统总蓄水量

$$U_t = \sum_{i=1}^{n}V_{it}^* = \sum_{i=1}^{n}V_{it} \qquad (5.19)$$

（4）平衡曲线突变点约束

$$V_{i\min} = v_{it}^{mu1} \leqslant v_{it}^{mu2} \leqslant v_{it}^{mu3} \leqslant v_{it}^{mu4} = V_{i\max} \qquad (5.20)$$

$$U_{\min} = u_t^{mu1} \leqslant u_t^{mu2} \leqslant u_t^{mu3} \leqslant u_t^{mu4} = U_{\max} \qquad (5.21)$$

$$u_t^{mu1} = \sum_{i=1}^{n}v_{it}^{mu1}, \cdots, u_t^{mu4} = \sum_{i=1}^{n}v_{it}^{mu4} \qquad (5.22)$$

式中：V_{it}^*、V_{it} 为各成员水库 t 时段目标蓄水量和实际蓄水量、U_t 为 t 时段并联水库系统总蓄水量，它们之间的关系是合理确定平衡曲线的关键问题；G_t 为 t 时段并联水库系统为满足调度目标的供水总量，其定义为各成员水库 t 时段对共同用户供水量之和，且要求不小于 t 时段共同用户的最小供水量 $R_t^{\min}$，不大于 t 时段共同用户的需水量 R_t。

（5）变量非负约束。

5.2.2　平衡曲线的确定

平衡曲线的确定重点是确定各成员水库拐点坐标及各分段的斜率，以便更好地对各成员水库蓄水进行分配，为制定合理的供水任务分配规则提供依据。在并联水库系统中，优秀的供水规则应使成员水库有较大的供水能力和较高的成员水库蓄水率同步性（即成员水库力求同时达到蓄满或放空状态）。依据以上性质及各种约束，首先分析各拐点变化情况，如图 5.5 所示。

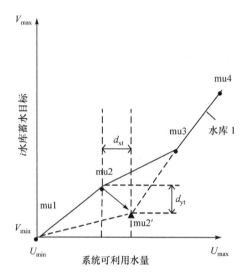

图 5.5　平衡曲线拐点变化分析示意图

　　系统来水、用水的随机性导致平衡曲线拐点的变化具有随机性，如图 5.5 所示，以一个水库 i 为例，拐点由 mu2 点变到 mu2′ 点，则拐点的纵横坐标产生变化，水库 i 拐点间的平衡曲线斜率也随之改变；成员水库中其他水库的拐点及相应的斜率也将产生变化。假设拐点的横纵坐标位移分别为 Sd_{xt}、Sd_{yt}。

$$\mathrm{Sd}_{xt} = x_p (U_t^{\max} - U_t^{\min}) \tag{5.23}$$

$$\mathrm{Sd}_{yt} = y_p (V_{it}^{\max} - V_{it}^{\min}) \tag{5.24}$$

式中：x_p、y_p 为 $(0,1)$ 的随机数。

　　基于以上平衡曲线分配规则理论分析，以聚合水库调度图确定系统各时段的总供水量，以分段拐点和直线斜率为决策变量，本书采用 3 段 4 节点的平衡曲线分段形式进行表述，各成员水库拐点坐标确定以后，分段直线的斜率即可相应得到。基于以下原理及假定，确定拐点参数的个数。

　　（1）假设有 N 个成员水库，由约束条件（5.19）各库蓄水状态之和等于系统总蓄水量,且在任意两个拐点之间成员水库的斜率之和等于1,故在每年的 t 时段,只有 $N-1$ 个水库的平衡曲线需要估计。

(2) 无论是供水期还是蓄水期并联水库系统平衡曲线具有分段性,其中分段数随着并联水库数量的增加而增加,且水库平衡曲线的拐点坐标和斜率的变化都是随着水库的蓄水、来水、供水的变化而变化。

(3) 假设有 MU 个拐点,则有 MU−1 段连接直线,如图 5.5 所示,第一个和最后一个拐点坐标已知,分别为:(U_{min}, V_{imin})、(U_{max}, V_{imax}),故只有 MU−2 个拐点需要估计。

(4) 每个成员水库具有相同的拐点个数,且拐点横坐标都是一样的。因此,由有 N 个成员水库组成的并联水库、每个水库的平衡曲线有 MU 个拐点,则有 N_{DE} 个参数需要确定:

$$N_{DE} = 2(\text{MU}-2) \cdot N - (\text{MU}-2)(N-1) \tag{5.25}$$

为了验证式(5.25)的正确定,假设当拐点数 MU 为 5,水库数目 N 为 2,则需要确定的参数个数 N_{DE} 有 9 个,如图 5.6 所示。

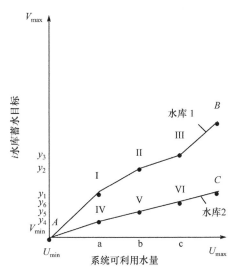

图 5.6　平衡曲线拐点参数确定示意图

其中 A、B、C 三点坐标已知,假设水库 1 中 I、II、III 三个拐点的坐标分别为 (a, y_1)、(b, y_2)、(c, y_3),则水库 2 中 IV、V、VI 三个拐点的坐标分别为 (a, y_4)、(b, y_5)、(c, y_6),需要确定的参数有 9 个,分别为:a、b、c、y_1、y_2、y_3、y_4、y_5、y_6。

综上所述,基于平衡曲线的并联水库群共同供水任务分配规则模型,本书采用基于免疫进化的粒子群算法(IPSO)进行求解。在算法初期采用免疫进化算法进行全局搜索,根据粒子群中设置的群体规模,来确定免疫进化算法的进化代数,将免疫进化算法中每次迭代生成的最优个体作为粒子群算法的初始粒子。同时取免疫进化算法中最优的个体作为粒子群群体中的邻域极值,并根据粒子群中各个粒子与邻域极值的差异来确定各个粒子的初始速度,最后,利用粒子群算法进行局部搜索,以加快算法后期的收敛速度。其中,随机生成的初始结果为可行解,利用水库调度模型评价迭代结果的优劣,将免疫进化算法生成的个体最好值作为粒子群算法的初始粒子,并对各粒子的速度进行更新,计算粒子适应度,挑选出最优粒子,其求解流程图如图 5.7 所示。

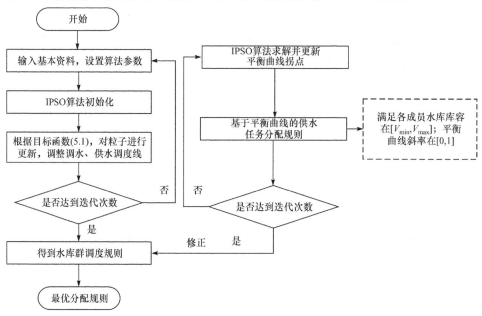

图 5.7　基于平衡曲线并联水库共同供水任务优化流程图

5.3　小　　结

应用优先度原理对串联水库群共同供水任务进行分配,并通过拟定合理平衡曲线,制定含有供水约束与独立用户的并联水库系统共同供水任务的分配机制,确定并联水库群共同供水任务的分配比例,以不同拐点和斜率描述平衡曲线的分段性,表征汛期、非汛期各水库蓄水量及供水量的变化,以缺水率最小为目标函数建立优化模型对分配规则进行修正,并采用基于免疫进化的粒子群算法率定平衡曲线的决策变量突变点及斜率,最终得到相对优秀的供水规则。以滦河流域下游水库群为研究对象,计算结果表明:①应用优先度原理对串联水库群共同供水任务进行分配,汛期多供水,既降低枯水期缺水破坏深度又腾空库容,较少汛期(7～9 月)的预蓄水量,减少弃水量、避免发生洪涝灾害;②拟定合理平衡曲线对并联水库群共同供水任务进行分配,其库群系统供水量较补偿调节增加约 4%,弃水量减少 10% 左右,与动态规划得到的最大供水量、年均弃水量及保证率接近,在一定程度上反应平衡曲线的合理性;③平衡曲线能够得到相对优秀的供水规则——成员水库有较大的供水能力和较高的成员水库蓄水率同步性;④水库间供水任务分配比例与其兴利库容的比值接近,也进一步说明了平衡曲线在分配共同供水任务中的合理性。

第6章　水库群联合供水调度规则研究

6.1　引　　言

应用三层规划模型对大规模供水水库群调度规则进行研究,目标函数中的变量通过模拟水库长系列供水过程得到,是一个非凸规划问题,在理论上无法得到全局最优解,采用基于免疫进化的粒子群算法对水库调度线进行优化。复杂水库群联合供水调度种类繁多,关系复杂,既相互影响又相互制约,由于其在时空上水量分配的复杂性、动态性,制定科学、合理有效的共同供水任务的水库间分配规则,从而减少弃水量,提高供水保证率,本书分别采用优先度原理和平衡曲线对串联和并联水库群共同供水任务分配进行研究,揭示混联供水水库群间水量分配规则,进一步完善复杂水库群供水调度理论体系,并将其应用于滦河流域供水水库群优化调度中。

6.2　水库群供水优化调度模型的求解算法研究

水库群供水优化调度是一个具有各类约束条件的大型、动态的复杂非线性系统的优化问题[77-78],国内外学者进行了一些的研究,主要包括动态规划法(dynamic programming,DP)、逐次优化法[79](progressive optimization algorithm,POA)、差分演化算法[80-81](differential evolution algorithm,DEA)、禁忌搜索法[82-83](tabu searching,TS)等。当水库数目超过两个时,通常会出现"维数灾",使模型的求解陷入局部最优,近年来一些生物智能算法在求解非线性复杂优化问题上显示了明显的优越性,如:遗传算法[84-85](genetic algorithm,GA)、布谷鸟算法[86-87](cuckoo search algorithm,CS)、蚁群优化算法(ant colony optimization，ACO）、免疫进化算法（immune evolutionary algorithm，IEA）、粒子群优化算法（particle swarm optimization，PSO）等，在解决不同优化问题中存在各自优缺点。因此，将这些智能算法有效地耦合起来，应用到水库群供水优化调度中，使水库供水调度更符合实际的运行，具有可操作性、实用性和预见性。本书分别采用改进布谷鸟算法和基于免疫进化的粒子群优化算法求解三层规划模型。

6.2.1　改进布谷鸟算法

目前国内外的专家学者借以生物种群进化对复杂解空间进行多点交互式搜索的人工智能算法引入到了该问题的求解上，本书应用布谷鸟搜索算法对其求解，该算法基于对布谷鸟寻窝产卵行为进行模拟，参数少、鲁棒性强、能够简单、高效实现工程优化问题，目前在水库优化调度中应用较少[88]，作为一种新颖的算法，存在解的不确定性和参数多并难以确定等问题[89-90]，本书针对梯级水库优化调度的特点及上述问题，尝试应用新领域序列算法进行局部寻优、采用插入和交换两种操作算子、实数编码策略提高算法的稳定性和计算精度，提出改进的布谷鸟算法（improved cuckoo search，ICS）。

1. 布谷鸟算法基本原理

布谷鸟算法是由英国剑桥大学学者 Yang 和 Deb 在 2009 年提出来的一种智能仿生算法。该算法因具有参数少、易于实现、鲁棒性强等优点，并成功地解决了函数优化及工程优化等实际问题，引起了国内外众多学者的广泛关注。

布谷鸟算法通过模拟某些属布谷鸟类（cuckoo species）的寄生育雏行为，并通过莱维飞行（Lévy flight）对目标空间进行随机搜索。该算法主要基于以下三项假定：①每只布谷鸟一次只产一枚卵，并随机选择鸟巢；②存放于最佳鸟巢的卵可孵化并生成新的一代；③被选择用来产卵的鸟巢数目是有限的，并被鸟巢主人以概率 $P_a \in [0,1]$ 发现后，布谷鸟卵被扔出鸟巢或鸟巢主人放弃该鸟巢并在另一地方重建新巢。该算法的基本流程如下。

（1）在解空间内随机生成 L 个鸟巢位置（即对应 L 个解），根据设定的适应度函数计算每个鸟巢的适应度值，并保留最佳位置，其余进行迭代。

（2）设当前迭代次数为 k 鸟巢编号为 i 的位置为 $x_i^k = (x_{i,1}, x_{i,2}, \cdots, x_{i,D})$，其中 $1 \leqslant i \leqslant L$，$D$ 为所解决问题的维数，除最优直接保留到下一代之外，其余迭代公示如下：

$$x(k+1) = x(k) + a \times k^{-\lambda}, \quad 1 < \lambda \leqslant 3 \tag{6.1}$$

式中：$a > 0$ 为步长控制量，其大小主要由所解决问题的规模来决定；$k^{-\lambda}$ 为服从 Lévy 规律的随机分布函数。

（3）设鸟巢主人发现布谷鸟卵的概率为 P_a，随机生成服从均匀分布的正数 $r \in [0,1]$，若 $r > P_a$，则布谷鸟卵被扔出鸟巢或放弃该鸟巢重新生成新的鸟巢，否则保持不变。

（4）判断是否达到设定迭代次数，否则返回（2）继续迭代更新，直到满足迭代条件。

2. 布谷鸟算法的改进

布谷鸟算法的迭代是利用 Lévy flight 的随机行走特征生成新的鸟巢，在迭代公式中，方程式右边第一项表示随机游走仅仅是与现状位置有关的 Markov 链，第二项表示转移的概率。由于该算法所利用 Lévy light 产生随机步长，在搜索过程中，步长越大，扩大了搜索空间，降低了搜索精度，甚至有时会出现震荡现象；步长越小，提高了搜索精度，但易陷入局部最优解。因此，该算法在生成新的鸟巢时，应考虑以下两方面的问题。

（1）为了避免陷入局部最优解和进行全局寻优，在生成的新的位置中应保证大部分为随机生成并距离现有最佳位置足够远。

（2）为了加速局部搜索，新的位置应该在当前最佳位置附近生成。

针对上述问题，本书对基本布谷鸟算法提出了改进。

1）编码策略

根据梯级水库发电优化调度模型求解的特点，提出了改进布谷鸟算法实数编码策略。假设水库编号为 m 在时段 t 的上限水位和下限水

位分别为 $Z_{\max}(m,t)$ 和 $Z_{\min}(m,t)$，在上、下限水位之间离散份数记为 I，其步长记为 $\mathrm{STEP}(m,t)$，则有

$$\mathrm{STEP}(m,t) = \frac{Z_{\max}(m,t) - Z_{\max}(m,t)}{I} \tag{6.2}$$

把水库编号为 m 在时段 t 的水位应用编码形式来表示，则其编码为 $[0,I]$ 的非负整数，若已知其编码为 $I(m,t) \in [0,I]$ 转换为水位的公式如下：

$$Z(m,t) = Z_{\min}(m,t) + I(m,t) \times \mathrm{STEP}(m,t) \tag{6.3}$$

根据上述水库水位实数编码规则，假定各水库在各时段的离散份数均为 I，以水库上游水位为决策变量，则对于水库数目为 M，调度期内时段总数目为 T 的梯级水库发电优化调度模型求解问题，其解可用 $M \times T$ 维的向量表示为 $\{x(1,1), x(1,2), \cdots, x(1,T), x(2,1), x(2,2), \cdots, x(M,T)\}$，其中向量中 $x(m,t)$ 为一非负整数。

2) 搜索机制

针对布谷鸟算法应用 Lévy flight 的随机行走生成新一代所出现的搜索精度低、易陷入局部最优解、解的不稳定性等问题，在不增加算法参数的基础上，提出应用新邻域序列算法进行全局搜索、变邻域深度搜索算法进行局部搜索替代 Lévy flight 的搜索机制，从而提高算法的稳定性和计算精度。

新邻域序列算法（new neighbor sequence algorithm，NNSA）主要计算流程如下：

步骤 1　在 $[0,1]$ 内随机生成 P_g，并假设 CS 算法的总迭代次数记为 K，当前迭代次数为 k；

步骤 2　若 $P_g \geqslant k/K$，随机生成一解向量记为 Best；

步骤 3　若 $P_g < k/K$，在当前最优解的基础上应用插入算子生成新的解向量，并记为 New；

步骤 4　比较 Best 和 New，若 New 的适应度函数值优于 Best，则用 New 替换 Best，否则在当前最优解的基础上应用交换算子生成新的解向量，并记为 New；

步骤 5　比较 Best 和 New，若 New 的适应度函数值优于 Best，则

用 New 替换 Best；

步骤 6 记录解向量 Best。

从上述计算流程可以看出，当迭代次数较小时，即 k/K 较小，将会生成较多的随机解向量，在解空间范围内加大了搜索范围，提高了全局寻优能力；随着迭代次数的增加，在当前解向量附近邻域生成新解向量的可能性增加，提高了局部的开发程度。对于随机生成的非负数 P_g，决定了新的邻域序列是随机生成还是在当前解领域附近生成。

在局部搜索中，本书提出应用变邻域深度搜索算法（variable neighborhood descent，VND）[91]，该算法属于变邻域搜索算法（variable neighborhood search，VNS）的扩展。VNS 基本思想是在搜索过程中系统地改变邻域结构集来拓展搜索范围，从而获得局部最优解，再基于此局部最优解重新系统地改变邻域结构集拓展搜索范围找到另一个局部最优解的过程。VND 省略了标准的 VNS 算法中的随机搜索，通过探测邻域部分进行局部搜索取代 VNS 中的随机搜索和局部搜索两个部分。该算法的主要计算流程如下：

步骤 1 假设当前最优解为 Best，所解决问题的规模记为 $n=M\times T$，$G=1$；

步骤 2 在当前最优解的基础上应用插入算子生成一个新解并记为 NewBest；

步骤 3 若 NewBest 的适应度函数值优于 Best，则用 NewBest 替换 Best，并记 $G=0$，否则在当前最优解的基础上应用交换算子生成一个新解并记为 NewBest；

步骤 4 若 NewBest 的适应度函数值优于 Best，则用 NewBest 替换 Best，并记 $G=0$；

步骤 5 $G=G+1$，并判断 G 是否达到 $n\times(n-1)$，若达到，则记录最优解 Best，否则重复步骤 2。

3）插入和交换操作算子

为了提高算法的性能，本书采用插入（Insert）和交换（Interchange）2 种操作算子进行寻优，其中解中的每个个体采用上述水库水位实数编码策略表示为一个实数，假设当前迭代次数记为 k，对于解 $X(k)=$

$\{x^k(1,1),x^k(1,2),\cdots,x^k(1,T),x^k(2,1),x^k(2,2),\cdots,x^k(M,T)\}$ 生成新解,其方法如下所示。

(1) 插入。

对于任意非负整数 $i,j\in[0,M\times T]$,当 $i\neq j$ 时,在解向量中将位置编号为 i 的数值插入到位置编号为 j 的数值之前,其余不变,生成新的解向量,例如,$i=2,j=5$,则生成的迭代次数为 $k+1$ 的新解向量可表示为 $X(k+1)=\{x^{k+1}(1,1),x^{k+1}(1,3),x^{k+1}(1,4),x^{k+1}(1,2),x^{k+1}(1,5),\cdots,x^{k+1}(M,T)\}$,其操作如图 6.1 所示。

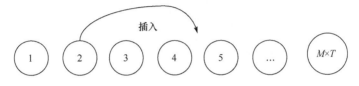

图 6.1　插入操作示意图

(2) 交换。

对于任意非负整数 $i,j\in[0,M\times T]$,当 $i\neq j$ 时,在解向量中将位置编号为 i 和 j 的数值进行交换,其余不变,生成新的解向量,例如,$i=2,j=5$,则生成的迭代次数为 $k+1$ 的新解向量可表示为 $X(k+1)=\{x^{k+1}(1,1),x^{k+1}(1,5),x^{k+1}(1,3),x^{k+1}(1,4),x^{k+1}(1,2),\cdots,x^{k+1}(M,T)\}$,其操作如图 6.2 所示。

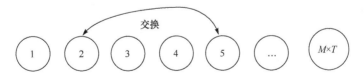

图 6.2　交换操作示意图

基于上述对布谷鸟算法的改进,其算法称为基于新邻域序列算法进行全局搜索、变邻域深度搜索算法进行局部搜索的混合布谷鸟算法,简称为 NV-CS 算法,其计算流程框架如图 6.3 所示。

3. 改进布谷鸟算法在供水优化调度中的计算流程

(1) 参数的初始化。初始化算法中的基本参数鸟巢数目 L、发现概

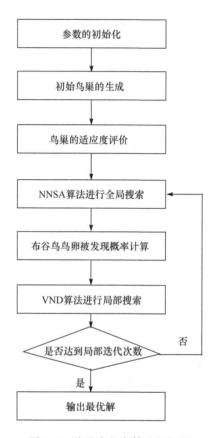

图 6.3　改进布谷鸟算法框架图

率 P_a 和迭代次数 K。

（2）初始解的生成。根据水库水位实数编码规则，在 $[0, I]$ 范围内生成 L 组 $M \times T$ 个随机数作为鸟巢的初始位置 $X(1) = \{X_1(1), X_2(1), \cdots, X_L(1)\}$。

（3）鸟巢位置优劣评价。进行适应度评价，对鸟巢初始位置的适应度进行计算，并标记当前最佳鸟巢位置为 $X_{Best}(1)$。

（4）全局搜索。采用 NNSA 算法进行全局搜索，并将该算法所记录最优解 Best 与 $X_{Best}(1)$ 进行比较，并标记两者中的最佳鸟巢位置为 $X'_{Best}(1)$。

（5）鸟巢发现概率。随机生成正数 $r \in [0, 1]$ 与 P_a 进行对比，保留被发现概率较小的鸟巢，同时改变被发现概率较大的鸟巢位置，即 $r >$

P_a 时保留鸟巢位置不变,否则 INT($L \times P_a$)(INT 表示取整)个适应度较差的被随机生成的鸟巢位置替代,得到新的鸟巢位置 $X''(1) = \{X_1''(1), X_2''(1), \cdots, X_L''(1)\}$,计算各新鸟巢位置的适应度值,并标记当前最佳鸟巢位置为 $X_{Best}''(1)$。

(6) 局部搜索。采用 VND 算法在当前最佳鸟巢位置进行局部精细搜索,生成新的鸟巢位置 $X(2) = \{X_1(2), X_2(2), \cdots, X_L(2)\}$,并标记当前最佳鸟巢位置为 $X_{Best}(2)$。

(7) 算法终止判断。重复上述(4)~(7),直到满足迭代次数 K,对当前最优解向量应用水库水位解码策略得到最优解。

6.2.2　基于免疫进化的粒子群算法

粒子群算法(particle swarm optimization,PSO)作为一种高效并行优化方法,能够实现复杂空间中最优解的搜索分析,适用于求解一些非线性、不可微、多目标的复杂优化问题,但优化程度得不到保证,易陷入局部最优,且对初始种群有较大依赖性。免疫进化算法(immune evolutionary algorithm,IEA)具有高度的全局性[92],但其局部搜索效果较差,且常出现进化缓慢的现象。因此,本书提出基于免疫进化的粒子群优化算法(IEA-PSO),利用免疫进化算法的全局搜索特点,弥补粒子群算法的不足。

1. 粒子群优化算法的基本原理

粒子群优化算法[71]是根据个体(粒子)的适应度(fitness value)大小进行操作,是一个自适应过程,粒子的位置代表被优化问题在搜索空间中的潜在解。粒子在空间中以一定的速度飞行,这个速度根据它本身的飞行经验以及同伴的飞行经验进行调整,决定它们飞翔的方向和距离。PSO 初始化为一群随机粒子(随机解),然后通过迭代来找到最优解。在每一次迭代中,粒子通过跟踪两个"极值"来更新自己,一个是个体极值 p_{best},即粒子目前找到的最优解;另一个是全局极值 g_{best},即整个种群目前找到的最优解。

设 M 为种群规模,m 为种群中个体的编号。j 为粒子的第 j 维,$j =$

$1,2,\cdots,J$；$x(k_s)$ 为第 k_s 代种群；$X_m=(x_{m1},x_{m2},\cdots,x_{mj})$ 为粒子 m 在第 j 维空间中的当前位置，$V_m=(v_{m1},v_{m2},\cdots,v_{mj})$ 为粒子 m 在第 j 维空间中的当前飞行速度；p_{mj} 为粒子 m 在第 j 维空间中所经历的最好位置，p_{gj} 表示所有粒子经历过的最好位置。

基本粒子群算法的进化方程可描述为

$$\begin{cases} v_{mj}(k_s+1)=wv_{mj}(k_s)+c_1r_{1j}(k_s)\big[p_{mj}(k_s)-x_{mj}(k_s)\big] \\ \qquad\qquad +c_2r_{2j}(k_s)\big[p_{gj}(k_s)-x_{mj}(k_s)\big] \\ x_{mj}(k_s+1)=x_{mj}(k_s)+v_{mj}(k_s+1) \end{cases} \tag{6.4}$$

式中：c_1、c_2 为加速常数，通常在 $0\sim2$ 取值；w 为惯性权重，通常在 $0.4\sim0.9$ 取值，本书取 0.5；r_1、r_2 为 $0\sim1$ 的随机数。

由式 (6.4) 中的粒子群算法的进化方程可以看出，为了减少粒子在进化中偏离搜索空间的概率，v_{mj} 应限制在一定的区间内，可使 $v_{mj}\in[-v_{max},v_{max}]$；$c_1$ 为调整粒子的最优位置方向的步长，c_2 为调整粒子向全局最优位置飞行的步长；其中，为了使粒子群维持运动的惯性，加入了惯性权重 w，可以扩大粒子群的搜索空间[93]。当惯性权重 w 较小时，算法具有较好的局部收敛能力，反之惯性权重 w 较大时，算法具有较好的全局收敛能力，所以，在粒子群算法的晚期，随着惯性权重的减少，其局部收敛能力会较强。在惯性权重 w 可表达为

$$w(t)=0.9-\frac{t}{\text{MaxNumber}}\times0.5 \tag{6.5}$$

式中：t 表示迭代的次数，MaxNumber 表示为最大的迭代代数。可将惯性权重 w 看作迭代代数的函数，从 0.9 到 0.4 线性减少[94]。

通过对粒子群优化算法的分析[95-96]发现：①粒子群优化算法在运行过程中，如果某粒子发现了一个当前最优位置，其他粒子将迅速向其靠拢。如果该最优位置是局部最优点，粒子群就无法在解空间内重新搜索，因此，算法易陷入局部最优，出现早熟现象。②粒子群优化算法的寻优速度和计算精度，与初始种群的选择有很大关系，若初始种群中有一定比例的可行解，可以加快算法的收敛速度，提高求解精度。

对粒子群算法的改进，大多是通过与遗传算法结合或选择惯性权重[97]来解决。但遗传算法的选择、杂交、变异方式及参数选择均需经验

确定,易出现早熟收敛;Berhart 等就提出了惯性权值线性递减的 PSO 算法,对 PSO 算法性能有了明显的改进,但这种线性递减惯性权值只与算法迭代次数有关,不能真实反映算法在运行过程中的复杂的、非线性变化的特性。而免疫进化算法以概率 1 收敛到全局最优解[98],参数设置简单,较少依赖人的经验。结合粒子群算法与免疫进化算法的特点,本书提出基于免疫进化算法的粒子群优化算法,充分利用免疫进化算法的全局搜索能力进行全局搜索,然后将所得最优个体作为粒子群算法的初始解进行继续优化,得到近似最优解。

2. 粒子群算法应用在水库供水调度中的关键技术问题

选取梯级水库的总库容为决策变量,将所有水库的库容按时间和编号顺序连接起来组成一个粒子,位置向量如式(6.3)所示,速度向量是各水库各时段库容的变化速度,如式(6.4)所示,$V_{n,t}$ 表示水库 n 在 t 时段末库容,$v_{n,t}$ 是水库 n 在 t 时段的库容变化速度。在求解模型时,每个粒子的位置向量对应着一个调度方案。

$$V = (V_{1,1}, V_{1,2}, \cdots, V_{1,T}, V_{2,1}, V_{2,2}, \cdots, V_{2,T}, \cdots, V_{N,1}, V_{N,2}, \cdots, V_{N,T})$$
$$(6.6)$$

$$v = (v_{1,1}, v_{1,2}, \cdots, v_{1,T}, v_{2,1}, v_{2,2}, \cdots, v_{2,T}, \cdots, v_{N,1}, v_{N,2}, \cdots, v_{N,T})$$
$$(6.7)$$

在求解水库优化调度中,速度与位置更新公式如下:
$$v_m(k_s) = w v_m(k_s - 1) + c_1 r_1 [V_{m,\text{pbest}}(k_s) - V_m(k_s - 1)]$$
$$+ c_2 r_2 [V_{\text{gbest}}(k_s) - V_m(k_s - 1)] \tag{6.8}$$

$$V_m(k_s) = V_m(k_s - 1) + V_m(k_s) \tag{6.9}$$

式中:$v_m(k_s)$、$V_m(k_s)$ 分别为第 m 个粒子第 k_s 代的速度向量和位置向量;$V_{m,\text{pbest}}(k_s)$ 为第 m 个粒子到第 k_s 代为止,最优适应度(粒子 m 所经历的最好位置)对应的位置向量(库容序列);$V_{\text{gbest}}(k_s)$ 为第 k_s 代为止,粒子群最优适应度(群体中所有粒子所经历的最好位置)对应位置向量。其他变量或符号意义同(4.8)式相同。在迭代过程中,如果计算出的速度超过了最大限速,即 $v > v_{\max}$ 或 $v < -v_{\max}$,则将其值设为 $v = v_{\max}$ 或 $v = -v_{\max}$;如果粒子的某一维的位置超过了初始粒子的生成空间,则

取其极值代替。

3. 免疫进化算法的基本原理

免疫进化算法(immune evolutionary algorithm, IEA)是在生物免疫机制的启发下,提出的一种新的进化算法。算法中最优个体(抗体)即为每代适应度最高的可行解,当有抗原入侵时,与之相匹配的抗体被激发(免疫应答)使得有用的抗体一旦产生,就能得以保留。该算法实施了精英保留策略,且充分利用每代最优个体的信息。

设 P 为种群规模,p 为种群中个体的编号,D 为个体的长度,d 为个体中免疫细胞的编号;$X(k)$ 为第 k 代种群,$X(k)=(X_1(k),\cdots,X_p(k),\cdots,X_P(k))$,$X_p(k)$ 为第 k 代种群中第 p 个个体,$X_p(k)=(x_p^1(k),\cdots,x_p^d(k),\cdots,x_p^D(k))$;$x_{\text{best}}^d(k)$ 为第 k 代中种群中最优个体的编号为 d 的免疫细胞,$F(\cdot)$ 为个体的适应度评价函数。

借鉴生物免疫机制,免疫进化算法中由父代生成子代的方式如下所示:

$$\begin{cases} x_p^d(k+1)=x_{\text{best}}^d(k)+\sigma_p^k\times N(0,1) \\ \sigma_p^{k+1}=\sigma_\varepsilon+\sigma_p^0 e^{-\frac{Ak}{K}} \end{cases} \tag{6.10}$$

式中:σ_p^0 和 σ_p^k 分别为初始种群与第 k 代种群中第 p 个个体的标准差;A 为标准差动态调整系数;σ_ε 为收敛基数;$N(0,1)$ 为产生的服从标准正态分布的随机数;k 为进化的代数;K 为总的进化代数。

其中标准差的动态调整是免疫进化算法的重要技术环节,它的变化直接决定了群体的多样性。标准差衰减较快,则会使群体失去多样性,算法易陷入局部最优解。因此标准差的调整方式对于算法的成败具有举足轻重的作用。结合梯级水库优化调度的特点,本书采用混合调整法即指数调整与双曲调整的算术平均,使标准差的变化比较平缓,能够较好地进行全局搜索,具体如下所示:

$$\sigma_p^{k+1}=\sigma_\varepsilon+\frac{\sigma_p^0 e^{-\frac{Ak}{K}}+\dfrac{1}{\alpha+\beta k}}{2} \tag{6.11}$$

式中:$\alpha>0$、$\beta>0$ 均为参数,其他各参数的含义同式(6.7)。

结合式(6.8)与式(6.9),免疫进化算法的进化操作如式(6.12)
所示:

$$
\begin{cases}
x_p^d(k+1)=x_{\text{best}}^d(k)+\sigma_p^k\times N(0,1)\\[2mm]
\sigma_p^{k+1}=\sigma_\varepsilon+\dfrac{\sigma_p^0 e^{-\frac{Ak}{K}}+\dfrac{1}{\alpha+\beta k}}{2}
\end{cases}
\tag{6.12}
$$

4. 免疫-粒子群算法的改进

在算法初期采用免疫进化算法进行全局搜索,根据粒子群中设置
的群体规模 M 来确定免疫进化算法的进化代数 K,即:使得 $K=M$,将
免疫进化算法中每次迭代生成的最优 M 个个体作为粒子群算法的初始
粒子。同时取免疫进化算法中最优的个体作为粒子群群体中的邻域极
值,并根据粒子群中各个粒子与邻域极值的差异来确定各个粒子的初
始速度,其确定原则是:距离邻域极值越近的粒子初始速度越小,越远
的粒子初始速度越大。然后再利用粒子群算法进行局部搜索,以加快
算法后期的收敛速度。

设免疫进化算法迭代 K 次的每代最优个体记为 $V^k(m)$,代表 PSO
的一个初始解。其中 $V^k(m)$ 的元素 $V_{n,t}^k(m)$ 表示 n 水库 t 时段末的库
容,向量元素 $v_{n,t}^k(m)$ 表示寻优过程中 n 水库 t 时段末库容变化量。m、
n、k 分别表示 PSO 粒子编号、水库编号和 IEA 迭代次数。则

$$
V^k(m)=(V_{1,1}^k(m),\cdots,V_{1,T}^k(m),V_{2,1}^k(m),\cdots,V_{n,t}^k(m),\cdots,V_{N,T}^k(m))
\tag{6.13}
$$

$$
v^k(m)=(v_{1,1}^k(m),\cdots,v_{1,T}^k(m),v_{2,1}^k(m),\cdots,v_{n,t}^k(m),\cdots,v_{N,T}^k(m))
\tag{6.14}
$$

5. 免疫-粒子群算法中参数设置

粒子群优化算法中:群体规模 M 取 $3\sim 8$ 倍的解空间维数,惯性权
重 w 变换范围为 $0.4\sim 0.9$,加速常数 c_1、c_2 通常在 $0\sim 2$ 取值,r_1、r_2 为
$0\sim 1$ 的随机数。免疫进化算法中:群体规模 P 取 $3\sim 5$ 倍的解空间维
数,参数 A 和 σ_p^0 的取值根据研究的问题来确定,通常 $A\in(1,10)$,

$\sigma_p^0 \in (1,3)$，收敛基数 σ_ε 在应用中可取 0。

6. 免疫进化的粒子群算法的梯级水库供水优化调度步骤：

本书应用免疫进化粒子群算法对水库群的供水优化调度进行求解。下面为其具体的计算步骤。

步骤 1　设定免疫进化算法中的参数 P、A、σ_ε、α、β，并且初始化算法中群体，将水库库容作为决策变量，则随机生成初始水库库容种群 $V(0)$。

步骤 2　由水库群供水优化调度的目标函数作为评价函数对种群中各个个体进行评价，并令 $V(0)$ 中的最优个体为 $V_{\text{best}}^d(0)$。

步骤 3　进化操作。对 $V(k)$ 中的每个个体 $V_i(k)$ 按照式(6.9)进行进化操作，在解空间内生成子代群体，群体规模仍然保持为 P。

步骤 4　最优个体选择。计算各子代函数评价值，确定最优个体 $V_{\text{best}}^d(k+1)$，并由其大小判断父代与子代两者的取舍，若 $E(V_{\text{best}}^d(k+1)) > E(V_{\text{best}}^d(k))$，则选择最优个体为 $V_{\text{best}}^d(k+1)$，否则选择最优个体为 $V_{\text{best}}^d(k)$。

步骤 5　如果 $k+1$ 已经达到预设进化代数，则停止并记录每代生成个体 $V^k(m)$，否则，置 $k=k+1$ 转步骤 2。

步骤 6　将免疫进化算法中生成的 M 个个体最好值 $V^k(m)$ 作为粒子群算法的初始粒子，并对各个粒子的速度进行初始化，计算粒子的适应度，并挑选出最优粒子。

步骤 7　根据式(6.5)和式(6.8)更新粒子的速度和位置。

步骤 8　判断更新后粒子是否满足约束条件，若不满足，则重新选择一组粒子。

步骤 9　判断库容连续变化情况，如变化较小，则进行自适应更新。

步骤 10　计算更新后粒子的适应度，比较选择，记录粒子的个体最优位置和全局最优位置。

步骤 11　判断是否满足最大迭代次数，如满足退出循环，输出最优解，否则返回步骤 7。

6.3　三层规划模型的求解

三层规划问题,求解难度较大,模型的目标函数、约束条件及决策变量不同,则求解方法也不同,Natalia 等[99]将求解过程分为两阶段,将下层模型等价为混合整数规划的双层优化模型;张振安等[100]将下层线性规划问题用 KKT 条件表征,用枚举树算法对三层规划模型进行求解。以上主要针对三层线性规划的求解,而在水库调度规则提取的三层规划模型中,目标函数中的变量通过模拟水库长系列供水过程得到,是一个非凸规划问题,在理论上无法得到全局最优解,因此,利用粒子群算法的高效并行性,免疫进化算法的高度全局性,采用基于免疫进化的粒子群算法[101]求解,具体步骤如下。

步骤 1　初始化。初步给定调水量 $D_i^{(0)}$、引水量 $B_j^{(0)}$ 及供水量 $U_k^{(0)}$,并且令迭代次数 $\tau=0$。

步骤 2　求解下层模型。对于给定的 $D_i^{(0)}$、$B_j^{(0)}$ 和 $U_k^{(0)}$,求解下层模型。得到用水部门的缺水指数 $C_k^{(\tau)}$,同时统计不同供水区不同用水部门的广义保证率 P 和最大破坏深度 η。

步骤 3　求解中层模型。将供水、缺水目标值反馈给中层模型,通过 IPSO 算法对中层决策变量 Y(引水控制线)进行优化调整,结合式(5.1)~式(5.5)优先度原则,得到新的引水量 $B_j^{(\tau)}$,确定引水时机 t、损失水量 $S_j^{(\tau)}$ 和中层水库弃水量 $q_j^{(\tau)}$。

步骤 4　求解上层模型。将缺水指数 $C_k^{(\tau)}$ 和引水量 $B_j^{(\tau)}$ 代入上层模型,得到上层模型的目标函数值,对粒子进行更新,应用 IPSO 算法优化调整上层决策 X(调水控制线),得到新的调水量 $D_i^{(\tau)}$ 上层水源水库的弃水量 $q_i^{(\tau)}$。

步骤 5　循环计算。在新的调水量 $D_i^{(\tau)}$ 和引水量 $B_j^{(\tau)}$ 的基础上,求解下层模型,得到新的缺水指数 $C_k^{(\tau+1)}$;应用 IPSO 优化供水规则 Z,统计不同优先级别供水区的缺水指标 $C_h^{(\tau+1)}$、$C_l^{(\tau+1)}$,不同用水部门的广义保证率 $P_g^{(\tau+1)}$,破坏深度 $\eta^{(\tau+1)}$,反馈给中层模型,得到新的引水量 $B_j^{(\tau+1)}$,弃水量 $q_j^{(\tau+1)}$ 和损失水量 $S_j^{(\tau+1)}$;最后求解上层模型,优化得到新

的调水量 $D_i^{(\tau+1)}$ 及弃水量 $q_i^{(\tau+1)}$，统计调水量与目标调水量的接近程度，使上层目标函数最小，应用 IPSO 算法调整调水控制线。

步骤 6　收敛性判断。若小于迭代精度 δ 则停止计算；否则，令 $\tau=\tau+1$，转步骤 3。

其三层规划模型求解流程图如图 6.4 所示。

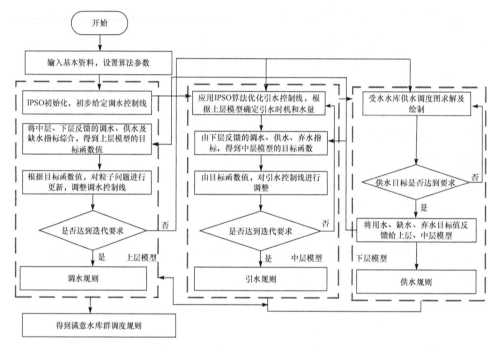

图 6.4　三层规划模型求解流程图

6.4　实例计算及分析

6.4.1　实例研究对象

滦河下游水库群供水系统主要包括潘家口、大黑汀、于桥、邱庄、陡河和桃林口水库，主要供应天津、唐山、秦皇岛三市的城市生活用水、工业用水并向滦河下游农业灌溉。由于潘家口水库为多年调节水库，且没有直接的用水户，用水户主要集中在下游地区，但下游水库来水较少不能满足各供水区的需求，所以必须由潘家口、大黑汀水库向于桥、邱庄、陡河水库补充供水;且潘家口、大黑汀和桃林口水库共同给滦河下游农业供水,其水库间的水力联系如图 6.5 所示。

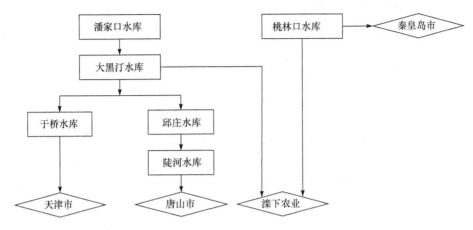

图 6.5　水库间水力联系网络图

邱庄、陡河水库为串联水库群共同向唐山市进行供水。对于本书的多水源、多用户的水库群对象,系统规模庞大、结构复杂,故首先将水库群供水系统进行聚合,其系统聚合如图 6.6 所示。

潘、大水库与桃林口水库为并联供水群共同向滦河下游农业供水,其中将潘家口、大黑汀水库聚合为"潘、大水库";"独立用户 1"为于桥水库、邱庄和陡河水库分别给天津市、唐山市供水,将水库和用户进行聚合,供水分解图如图 6.7 所示;"独立用户 2"为秦皇岛市供水。

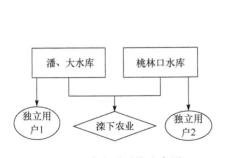

图 6.6　水库群系统聚合图

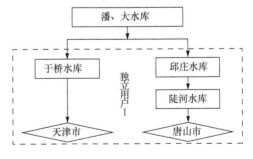

图 6.7　潘、大水库给独立用户 1 供水分解图

本书以水库群 57 年(1954～2010 年)长系列天然入库径流、天津和唐山需水量为输入资料,应用程序语言对模型进行编码,得到多年平均

调水、引水、供水调度计算结果。

6.4.2　计算结果及分析

根据水利年度的划分,设置并联水库群共同供水任务的平衡曲线的分段,并以关键点为决策变量通过模拟长时序调度,分别利用改进的布谷鸟算法和基于免疫进化的粒子群算法进行计算。

1) 改进布谷鸟算法计算

在应用改进的布谷鸟算法进行梯级水库发电优化调度模型求解中,首先进行算法中参数的率定。该算法中涉及主要有鸟巢规模 L、发现概率 P_a 和迭代次数 K 三个参数,其中 L 和 K 主要决定了算法计算精度与计算效率的平衡。当 L 和 K 均取值为 100 时,不同的发现概率 P_a 值分别运算 10 次,目标函数值取其平均值,发现概率 P_a 随目标函数值的变化曲线如图 6.8 所示,当 P_a 为 0.35 时,目标函数值达到最大值;当 P_a 和 K 分别取值为 0.35 和 100 时,不同的鸟巢规模 L 值分别运算 10 次,目标函数值和计算耗时分别取其平均值,L 随目标函数值和计算耗时的变化曲线如图 6.9 所示,当 L 取值为 100 时,目标函数值变化较小,计算耗时增长较大;当 P_a 和 L 分别取值为 0.35 和 100 时,不同的迭代次数 K 值分别运算 10 次,目标函数值和计算耗时分别取其平均值,K 随目标函数值和计算耗时的变化曲线如图 6.10 所示,当 K 取值为 80 时,目标函数值变化较小,计算耗时增长较大。

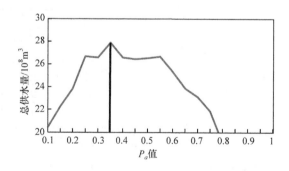

图 6.8　P_a 值与目标函数值变化曲线

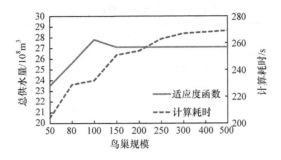

图 6.9　鸟巢规模与目标函数值和计算耗时变化曲线

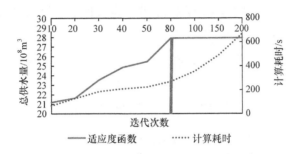

图 6.10　迭代次数与目标函数值和计算耗时变化曲线

2）改进布谷鸟算法和免疫进化粒子群算法计算结果与效率比较

将改进的布谷鸟算法与基于免疫进化的粒子群算法进行计算比较，在改进布谷鸟算法中其参数鸟巢规模 L、发现概率 P_a 和迭代次数 K 分别取为 100、0.35 和 80；经优化模型进行修正，在免疫进化粒子群算法中，免疫进化的群体规模设置为 $P=80$，其中进化代数 $K=M=60$，并经过多次计算证明，其参数取值分别为 $A=4$、$\sigma_\varepsilon=0$、$\alpha=1.8$、$\beta=3.5$；粒子群优化算法中，设置惯性权重 $w=0.5$、加速常数 $c_1=1.5$，$c_2=2.0$、迭代代数 $K_s=100$。

如表 6.1 所示，表明改进布谷鸟算法计算出的各供水区保证率与免疫进化粒子群算法相差不大，但是其计算耗时较免疫粒子群算法时间长，主要是由于布谷鸟算法随机游走搜索机制所导致解的不稳定，容易陷入局部最优解。

表 6.1 不同算法计算结果对比

项目	算法	唐山市		天津市		秦皇岛市		滦河下游农业
		生活	工业	生活	工业	生活	工业	
保证率/%	ICS	98	78	99	84	98	80	71
	IPSO	98	80	100	83	97	81	75
计算耗时/s	ICS	285						
	IPSO	104						

本书对改进的布谷鸟算法进行初步研究和计算比较,结果尚可,但不如基于免疫进化的粒子群算法成熟、供水保证率高,故本书应用基于免疫的粒子群算法对水库群供水调度的三层规划模型进行计算求解。

3) 利用 IPSO 对三层规划模型计算的结果及分析

为了检验所提出的调度规则与优化模型的有效性,在表 6.2 计算结果中同时给出动态规划和补偿调节的结果。

表 6.2 潘大、桃林口水库并联水库群联合调度结果

调度方案	年均供水量/$10^4 m^3$	年均弃水量/$10^4 m^3$	保证率/%
动态规划	76528	24399	90.25
补偿调节	72243	27927	82.73
平衡曲线	75536	25348	88.31

4) 对于并联水库,图 6.11 分别为平衡曲线和补偿调节方案下潘大、桃林口水库的蓄水率(α_P,α_T)散点图,分析并联水库蓄水率的相关性。

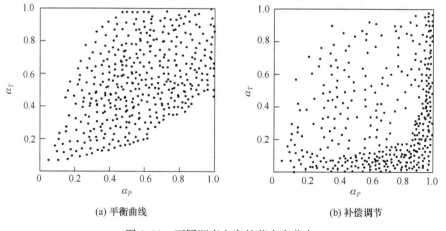

(a) 平衡曲线   (b) 补偿调节

图 6.11 不同调度方案的蓄水率分布

图 6.11 结果表明,平衡曲线调度方案下,潘大水库与桃林口水库的蓄水率分别为 0.70、0.59,潘大水库蓄水率较高主要由于独立用户 1 的供水需求量比较大,除了在并联水库系统中满足共同供水任务外,还要兼顾独立用户;补偿调节调度方案下,潘大水库与桃林口水库的蓄水率分别为 0.85、0.32,差别比较大,主要由于补偿调节中认为的划定了水库群的蓄放水顺序,但未考虑径流间的补偿作用。平衡曲线和补偿调节得到的相关系数分别为 0.88、0.35,显然,平衡曲线得到的并联水库群同时蓄满和放空更具有同步性。

图 6.12、图 6.13 分别给出汛期和非汛期并联水库的平衡曲线图,其中 Z_1、Z_2 分别为潘大水库、桃林口水库在当前调度时段的蓄水上限(汛期:$Z_1 = 18.26 \times 10^8 \mathrm{m}^3$, $Z_2 = 7.09 \times 10^8 \mathrm{m}^3$;非汛期:$Z_1 = 21.57 \times 10^8 \mathrm{m}^3$, $Z_2 = 7.09 \times 10^8 \mathrm{m}^3$)其中潘大水库的蓄水量为相应时段潘家口水库与大黑汀水库蓄水量之和。

由图 6.12、图 6.13 可以看出,两库曲线的斜率无论在汛期还是非汛期均从蓄水下限开始以低于 1 的斜率延伸到蓄水上限。图 6.12 中在汛期潘大水库先蓄水,然后两库同时蓄水,为了减少桃林口水库的弃水量使两库发生弃水时处于同步蓄满状态;图 6.13 中非汛期时,两库同

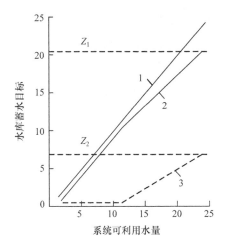

图 6.12　汛期平衡曲线图

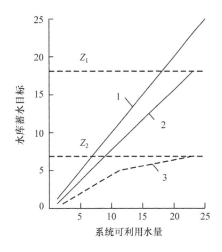

图 6.13　非汛期平衡曲线图

1-系统蓄水量;2-潘家口水库、大黑汀水库蓄水量;3-桃林口水库蓄水量

时放水,但由于潘大水库库容较大,故下泄水量较大(斜率较桃林口水库大),图 6.14 为两并联水库分配滦河下游共同供水任务时的分配比例,经统计,潘大水库、桃林口水库供水任务分配比例为 80%、22%,与两库的兴利库容比值 75%、25% 接近,进一步说明平衡曲线在分配共同供水任务中的合理性。以下对水库群调度规则进行分析:

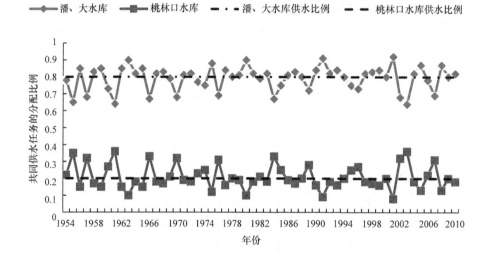

图 6.14　并联水库群共同供水任务多年分配比例过程

(1) 其中潘家口和大黑汀水库为水源水库群,对于有两个及以上的水源水库群,如何实现其优化调水:从哪个水库调水,调水量分别多少是上层调水规则研究的重点问题,根据水源水库群的拓扑结构及调水任务,同时综合考虑水库群的蓄水状态,将水源水库进行虚拟聚合,应用优先度原理进行协调分解。其上层调水规则如图 6.15 所示;水库群多年平均供水调度结果如表 6.3 所示。

表 6.3　水库群(多年平均)供水调度结果

水量/10^8m^3	潘家口	大黑汀	邱庄	陡河	于桥	唐山供水保证率/%		天津供水保证/%	
						生活	工业	生活	工业
调水量	−9.000	−2.000	4.100	1.600	5.300	98	80	100	83
弃水量	2.400	1.700	1.200	2.300	2.600				

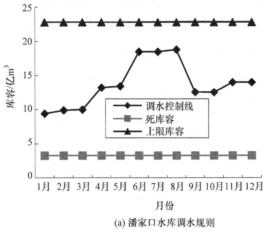

(a) 潘家口水库调水规则

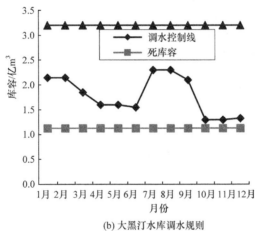

(b) 大黑汀水库调水规则

图 6.15　水源水库调水规则

　　对于水源水库的调水控制线越低,说明向受水水库的调水量就越多,由图 6.15可看出,非汛期调水较多,提高供水区的供水保证质量,汛期调水较少,即减少下游不必要的弃水,又避免下游洪涝灾害的发生。图 6.15(a)显示,潘家口水库的调水控制线总体较高,主要由于潘家口水库为多年调节水库库容较大,调水控制线也为了避免过度调水;由表 6.3 可以看出,调水量主要来自潘家口水库,大黑汀水库作为潘家口水库的反调节水库,同时本着优先度原则,将潘家口水库的水量预存于大黑汀水库中,向受水水库进行调水,故比较图 6.15(b),大黑汀水库调水控制线较低,外调水量较多。

（2）对于受水水库而言，其来水量分为两部分：水库的天然入流、从水源水库的引水量，根据供水区的需水情况，确定是否引水、引水量及引水时机，为了提高供水区的供水保证率，应尽量多引水，但由于天然入流的随机性及不确定性，若受水水库后期天然来水量较多，可能出现弃水；反之，若前期引水少，受水水库后期天然来水也较少时，供水保证率会降低，可能会加大供水区的破坏深度。故应制定受水水库的引水规则及供水调度图，更好地协调供水与弃水之间的关系。其受水水库（于桥、邱庄、陡河水库）受水后引水及供水调度规则，如图 6.16 所示。

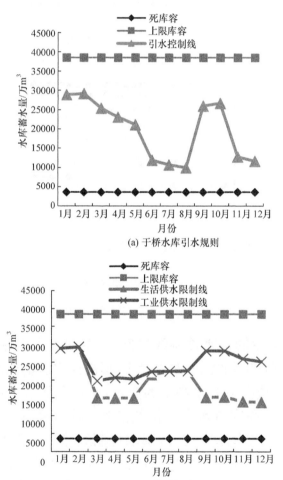

(a) 于桥水库引水规则

(b) 于桥水库供水调度图

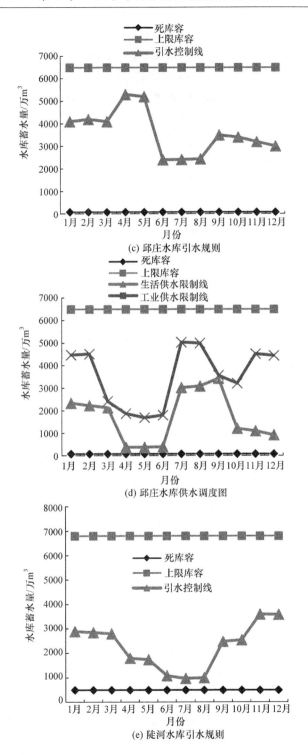

(c) 邱庄水库引水规则

(d) 邱庄水库供水调度图

(e) 陡河水库引水规则

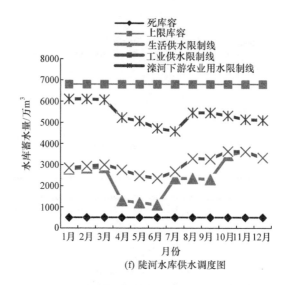

(f) 陡河水库供水调度图

图 6.16　受水水库的引水规则及供水调度图

引水规则主要由各受水水库的引水控制线反应,控制线位置较高表明引水较多,反之指引水较少。总体来看,汛前引水控制线较高,汛期较低,即汛前多引水(提高供水区保证率,较低破坏深度),汛期少引水,减少不必要的弃水。

于桥水库库容较大,来水较丰,整体的引水控制线较低;邱庄水库、陡河水库的引水均供给唐山,邱庄水库较陡河水库的调节性能好,与水源水库的引水距离更近一些,因此可将引水量先预蓄在该水库中,从邱庄水库引水规则图 6.16 (c)可看出,邱庄水库的引水线总体偏高,引水量较多,表 6.3 显示,邱庄水库多年平均引水量为 4.100 亿 m³;图 6.16(a)中 11 月、12 月引水控制线较低,图 6.16(c)中 4 月、5 月引水控制线较高,这与水库间的调水、引水、供水区用水有密切关系,为了控制于桥水库 11 月、12 月的引水量,使水源水库预留一定水量保证邱庄水库 4 月、5 月的引水量。对于陡河水库的引水控制线的高低主要与唐山生活、工业用水、滦河下游农业用水过程紧密相连,陡河水库的可供水量可随时从邱庄水库引取;由于陡河水库本身的特征(来水不均、库容较小),减少汛前的引水量,腾空库容迎接汛期的天然来水,减少不必要的弃水,尽量避免洪涝灾害的发生,陡河水库引水量为 1.600 亿 m³。

（3）受水水库供水调度图进行分析。于桥水库属于天津市一座最大的大型水库,由于整个流域在燕山的迎水坡,所以气候比较湿润,7月和8月常发生降雨,主要将潘家口水库的部分引水储存在库中,向天津提供生活和工业供水。由图6.16（b）可看出,供水限制线在汛前较低,枯水期多供水,防止生活及工业的超深度破坏且预留汛期来水库容;汛期较高,减少弃水量;汛后有所抬高,有利于水库多蓄水。总体来看,于桥水库来水较丰,库容较大,调节性能好,其供水限制线较平缓,天津比唐山的重要程度高（天津可优先供水）,由表6.3可知,于桥水库引水量为5.3亿 m³,生活、工业保证率较唐山高,天津多年平均超破坏深度为2次,比唐山（5次）少。

邱庄水库是引滦入唐沿线上的中间调节水库,来水较丰,多年平均径流量1.09亿 m³,主要任务为调节引滦入唐供水、唐山生活、工业供水。由于陡河水库易发生春旱夏涝,由图6.16（d）可知,邱庄水库在枯水期多供水,缓解陡河的旱灾险情,枯水期（汛前4～6月份、汛后10～12月份）供水限制线比较低;汛期为了避免陡河洪涝灾害,减少弃水,相对来说应少供水,故汛期7～9月份供水控制线较高。

陡河水库是引滦入唐的终端调节水库,调节引滦水量,每年夏秋季节常因台风形成暴雨,雨量大部分集中于汛期,而汛期又多集中于几次暴雨,极易发生春旱夏涝,年际变化较大。陡河水库的供水调度图6.16（f）中供水限制线汛前4～6月份较低,减少限制供水的机会及次数,既能降低枯水期破坏深度又能腾空库容,便于汛期蓄水、减少弃水量、避免发生洪涝灾害,汛后9～12月份供水限制线有所抬高,以限制供水有利于蓄水,能够充分发挥水库的调蓄能力。陡河水库的生活、工业供水调度线较低,因为来水少、用水多;农业供水限制线总体位置偏高,滦河下游农业还有其他的水源补给;由于来水不均,其供水限制线不稳。

6.5　小　　结

在水库调度规则提取的三层规划模型中,目标函数中的变量通过模拟水库长系列供水过程得到,是一个非凸规划问题,在理论上无法得到全局最优解,利用粒子群算法的高效并行性,免疫进化算法的高度全局性,采用基于免疫进化的粒子群算法对水库调度线进行优化;由于跨流域水库群受水水库数目较多,本书分别采用优先度原理及平衡曲线原理分别对串联水库群和并联水库群共同供水任务进行分配。计算结果表明模型在求解大规模跨流域水库群优化调度规则合理、有效;三层规划模型虽然建模和求解的难度增加,但对于越来越复杂的水库群联合调度是必不可少的研究途径;将三层规划模型用于滦河流域水库群中,提高了整个库群的供水效益及供水区(唐山、天津)的供水保证率,减低了供水区的缺水破坏深度。

第7章　水库群供水预警系统研究及其准确度分析

7.1　引　　言

水库群供水调度需要考虑调度的实时性和不确定性及面临时段的径流变化[102-105]，并对径流预报和水库供水调度的偏差进行实时修正才具有现实意义。但在实际调度中，来水和用水存在很大的随机性，水库优化调度效果如何很大程度上取决于对不确定性因素的预测程度，而预报产生误差的原因很多，影响误差的机理非常复杂。针对上述问题，本章通过分析水库径流的超越概率，仍然以缺水率最小为目标函数，采用前文论述的基于免疫进化的粒子群算法对水库供水调度模型进行求解，绘制水库群供水调度操作规线；并将水库群供水调度操作规线与供水计划相结合，同时应用模糊数学中模糊综合评价原理和信息熵原理，确定水库现状供水指标 D 和未来供水水情指标 S，以及水库供水预警指标 SAI，建立水库供水预警系统[106]。根据对未来水情的估计，通过水库群现状水势指标和未来时段内的缺水量指标，确定水库群供水调度的风险程度及采取的应变措施，从而实现水库群供水调度的实时滚动修正，制定出不同利益倾向和风险偏好下的最佳供水调度策略；最后对此预警系统的风险和准确度进行计算分析和评估。

7.2　水库群供水调度操作规线

对于水库供水调度来说，关键问题在于对水库入库径流和供水区用水的可知程度，而它的不确定性及随机性使得预报存在一定误差。本书以长系列历史实测径流为基础，将时段入库流量视为不确定量，通过在水库群供水优化调度过程中绘制时段入库径流超越概率[107]，其各月超越概率表示水库在不同丰枯季节下流量分布情形。针对不同时段当前来水超越概率对供水调度寻优,从而绘制水库供水调度操作规线。

7.2.1　时段入库径流超越概率

假定长系列历史实测径流资料蕴含了该水库所有的来水信息,由于面临时段来水的不确定性,本书应用韦布尔函数[108]计算不同时段入库径流超越概率,对不同频率来水进行以缺水率最小为目标的供水优化计算。

相应不同来水的概率分布函数为

$$F(Q)=1-\exp\left[-\left[\frac{Q}{c}\right]^{k}\right] \tag{7.1}$$

式中:k 为形状参数,量纲为 1,本书取 $k=2$;c 为尺度参数,采用平均流量(m^3/s);Q 为实测流量(m^3/s)。

7.2.2　水库供水操作规线

同第 4 章、第 5 章的理论和实际调度规则,对水库群 1956~2000 年共 45 年的长系列进行供水优化计算,以最大缺水率最小为目标函数,应用基于免疫进化的粒子群算法对水库群进行计算,得出不同时段当前来水超越概率对供水调度寻优,从而绘制水库供水调度操作规线。

7.3　供水预警指标

应用模糊数学理论,建立水库现状供水评价指标 D 和水库未来水情指标 S,并应用信息熵(Information Entropy)的原理,确定水库供水预警灯号数及供水预警指标 SAI。

7.3.1　现状水库供水指标 D 的确定

应用模糊综合评价决策[109]对水库现状供水指标 D 进行分析。模糊综合评判决策是对受多种因素影响的情况作出全面评价的一种十分有效地多因素决策方法,故又称为模糊综合决策或模糊多元决策。

设 $U=\{u_1,u_2,\cdots,u_n\}$ 为 n 种因素或指标, $V=\{v_1,v_2,\cdots,v_m\}$ 为 m 种评判,它们的元素个数和名称均根据实际问题需要主观的规定。由于各种因素所处的地位和作用不同,所以权重也不同,因而评判也就不同。对 m 种评判并不是绝对的肯定或否定,因此综合评判是 V 上的一个模糊子集 $\widetilde{B}$:

$$\widetilde{B}=(b_1,b_2,\cdots,b_m)\in\xi(V) \tag{7.2}$$

其中, $b_j(j=1,2,\cdots,m)$ 反映了第 j 种评判 V_j 在综合评判中所占的地位,即 V_j 对模糊集 $\widetilde{B}$ 的隶属度, $\widetilde{B}(v_j)=b_j$。综合评判 $\widetilde{B}$ 依赖于各个因素的权重,它是 U 上的模糊子集 $A=(a_1,a_2,\cdots,a_n)\in\xi(U)$,且 $\sum\limits_{i=1}^{n}a_i=1$,其中 a_i 表示第 i 种因素的权重。所以一旦给定权重 A,相应的可得到综合评判 $\widetilde{B}$。同时需要建立一个从 U 到 V 的模糊变换 $\widetilde{T}$,如果对每一个因素 u_i 单独作一个评判 $\widetilde{f}(u_i)$,就可以看作是 U 到 V 的模糊映射 $\widetilde{f}$,即

$$\widetilde{f}:U\rightarrow\xi(V) \tag{7.3}$$
$$u_i\mapsto\widetilde{f}(u_i)=(r_{i1},r_{i2},\cdots,r_{im})\in\xi(V) \tag{7.4}$$

由 $\widetilde{f}$ 可诱导出一个 U 到 V 的模糊线性变换 $\widetilde{T}_f$,故可以把 $\widetilde{T}_f$ 看作是由权重 A 得到的综合评判 B 的数学模型,模糊映射 $\widetilde{f}$ 可诱导出模糊关系 $\widetilde{R}_f\in\xi(U\times V)$,即

$$\widetilde{R}_f(u_i,v_j)=\widetilde{f}(u_i)(v_i)=r_{ij} \tag{7.5}$$

因此 $\widetilde{R}_f$ 可由模糊矩阵 $R\in\mu_{n\times m}$ 表示:

$$R=\left\{\begin{matrix} r_{11} & r_{12} & \cdots & r_{1m} \\ r_{21} & r_{22} & \cdots & r_{2m} \\ \vdots & \vdots & & \vdots \\ r_{n1} & r_{n2} & \cdots & r_{nm} \end{matrix}\right\} \tag{7.6}$$

R 为单因素评判矩阵,模糊关系 $\widetilde{R}$ 可诱导出 U 到 V 的模糊线性变换 $\widetilde{T}_f$。

故 (U,V,R) 构成一个模糊综合决策模型, U、V、R 是模型的三个要素。所以对于权重 $A=(a_1,a_2,\cdots,a_n)$,取 max-min 合成运算,即用模型 $M(\wedge,\vee)$ 计算,其中 $\wedge$、$\vee$ 为取大、取小运算符,可得综合评判 $\widetilde{B}$:

$$\widetilde{B}=A\circ R \tag{7.7}$$

本书将影响水库供水的因子作为指标集 $U=\{u_1,u_2,\cdots,u_n\}$。其中，u_1：雨量，u_2：流量，u_3：水库蓄水量，u_4：水库入库流量，u_5：地下水位，u_6：可供水量。将水库供水的缺水等级作为评判集 $V=\{v_1,v_2,\cdots,v_m\}$，其中 v_1：无缺水，v_2：轻度缺水，v_3：中度缺水，v_4：严重缺水，v_5：特严重缺水。对于权重 $A=(a_1,a_2,\cdots,a_n)$，由式(6.7)计算综合评判 $\widetilde{B}$。

用指标 D 来量化水库现状供水的缺水程度 $D=1$ 为无缺水；$D=2$ 为轻度缺水；$D=3$ 为中度缺水；$D=4$ 为严重缺水；$D=5$ 为特严重缺水。

7.3.2　未来水库供水水情指标 S 的确定

水库未来供水能力与水库现状蓄水量和水库未来入流都息息相关。由于入库径流预报受不确定因素影响较大，将会影响供水调度决策者对未来供水能力的正确评估。因此，本书参照第 3 章的水文预报并应用入库径流超越概率推估未来时段可能入库流量，根据水库计划供水量与供水调度模拟计算结果的差值制订水库未来供水的缺水指标 S，故 S 可表达为式(7.8)，用 S 量化未来水库供水的缺水程度，不同程度指标见表 7.1。

$$S=\left[1-\frac{Q_{\text{供}}}{Q_{\text{需}}}\right]\times100\% \tag{7.8}$$

表 7.1　未来水库供水水情指标 S 的确定

指标 S	1(无缺水)	2(轻度缺水)	3(中度缺水)	4(严重缺水)	5(特严重缺水)
缺水率/%	0	0~15	15~25	25~35	>35

用指标 S 来量化水库未来供水的缺水程度；$S=1$ 为无缺水；$S=2$ 为轻度缺水；$S=3$ 为中度缺水；$S=4$ 为严重缺水；$S=5$ 为特严重缺水。

7.3.3　供水预警指标的计算

1. 预警灯号的确定

未来水库供水的缺水程度是一个随机事件，熵是系统状态不确定性的一种度量[110]，信息论是一门应用概率论与数理统计方法研究信息处理和传递的科学，在此应用信息熵来确定缺水程度的预警信号的个数。

假设随机事件 x 有 n_0 种可能的状态，每种状态出现的概率为 $p_i (i = 1, 2, \cdots, n_0)$，则不确定事件 x 的信息熵 $H(x)$ 表示为

$$H(x) = -\sum_{i=1}^{n_0} p_i \log_2(p_i) \tag{7.9}$$

当系统概率为等概率时，则 $p_i = \dfrac{1}{n_0}$，将其代入式 (7.9) 中得 $H(x)$ 为

$$H(x) = -\sum_{i=1}^{n_0} \frac{1}{n_0} \log_2 \left(\frac{1}{n_0}\right) = \log_2(n_0) \tag{7.10}$$

对于相关联的事件 x、y，其不确定性可表示为 $H(x, y)$：

$$H(x, y) = -\sum_{i,j}^{n_1 n_2} p_{ij} \log_2(p_{ij}) \tag{7.11}$$

式中：p_{ij} 为相关联事件 x、y 共同作用下的状态出现概率，n_1、n_2 分别为 x、y 出现的可能状态。本书中指现状供水状况 D 和未来供水指标 S 共同影响下水库不同缺水状况出现的概率。$H(x, y)$ 即为近似的预警灯号数。

假设 p_{ij} 为等概率时，则 $p_{ij} = \dfrac{1}{n_1 n_2}$，类似于式 (7.10)：

$$H(x, y) = -\sum_{i,j}^{n_1 n_2} \frac{1}{n_1 n_2} \log_2 \left(\frac{1}{n_1 n_2}\right) = \log_2(n_1 n_2) \tag{7.12}$$

假设 D、S 分别有 n_D、n_S 种可能的状态，由上文可知，n_D、n_S 均等于 5。$H(x, y) = \log_2(n_D n_S) = \log_2(25) \approx 5$，故设定为 5 个预警灯号，按常规习惯，灯号 ($m_0$) 分别表示为：绿灯（G 无缺水）；蓝灯（B 轻度缺水）；黄灯（Y 中度缺水）；橙灯（O 严重缺水）；红灯（R 特严重缺水）。

2. 供水预警指标 SAI 的计算

供水预警指标 SAI 是结合水库现状供水指标 D 和未来供水指标 S 所反应未来水库供水调度策略的优良程度，所以 SAI 不仅与 D、S 有

关,且 S 应占有更大的比重,D、S 之间相互作用关系可用一个比较直接的非线性表达式来表示,即为 DS^k,故 SAI 可用对数表示为

$$\text{SAI}=\log_{n_D}(D)+k\log_{n_S}(S) \tag{7.13}$$

式中:$n_D=n_S=5$,$D=(1,2,\cdots,5)$,$S=(1,2,\cdots,5)$,故 $0\leqslant\text{SAI}\leqslant k+1$,$k$ 为非负整数($k\neq1$)。SAI 在不同区间表示不同的灯号,设定 SAI 的判断上限(ul)为

$$\text{ul}=k\frac{i-1}{m_0-1}+1,\quad i=1,2,\cdots,m_0,\quad m_0=5 \tag{7.14}$$

当 $k=2$ 时,代入(7.12)式得

$$\text{SAI}=\log_5(DS^2),\quad D=1,2,\cdots,5,\quad S=1,2,\cdots,5 \tag{7.15}$$

由式(7.14)计算可知 ul=$(1,1.5,2,2.5,3)$。SAI 的预警指数范围为:$0\leqslant\text{SAI}\leqslant1$;$1\leqslant\text{SAI}\leqslant1.5$;$1.5\leqslant\text{SAI}\leqslant2$;$2\leqslant\text{SAI}\leqslant2.5$;$2.5\leqslant\text{SAI}\leqslant3$,其供水预警指标见表 7.2。

表 7.2 供水预警指标相应范围的确定

预警灯号	绿灯(G)	蓝灯(B)	黄灯(Y)	橙灯(O)	红灯(R)
预警指数范围	$0\leqslant\text{SAI}\leqslant1$	$1\leqslant\text{SAI}\leqslant1.5$	$1.5\leqslant\text{SAI}\leqslant2$	$2\leqslant\text{SAI}\leqslant2.5$	$2.5\leqslant\text{SAI}\leqslant3$
警戒程度	正常	警戒	提高警戒	高度警戒	严重警戒

将不同的 D、S 组合代入式(7.15),并结合 SAI 灯号区间可得到表 7.3。

表 7.3 SAI 计算值及预警灯号分类

现状水库供水指标分析 D	未来水库供水水情指标分析 S				
	1(无缺水)	2(轻度缺水)	3(中度缺水)	4(严重缺水)	5(特严重缺水)
1(无缺水)	0 (G)	0.86 (G)	1.36 (B)	1.72 (Y)	2.00 (Y)
2(轻度缺水)	0.43 (G)	1.29 (B)	1.80 (Y)	2.15 (O)	2.43 (O)
3(中度缺水)	0.68 (G)	1.54 (Y)	2.05 (O)	2.41 (O)	2.68 (R)
4(严重缺水)	0.86 (G)	1.72 (Y)	2.23 (O)	2.58 (R)	2.86 (R)
5(特严重缺水)	1 (G)	1.86 (Y)	2.37 (O)	2.72 (R)	3.00 (R)

当 $k>2$ 时,式(7.13)不能把预警灯号完全表现出来,故确定式(7.13)中 $k=2$,即式(7.15)为供水预警指标的 SAI 的计算公式。

7.4　供水应变

当计算出不同的预警灯号时,应对水库的供水进行相应缺水应变措施。以潘家口水库为例,同时结合第 4~6 章的计算结果和潘家口水库给天津、唐山、滦河下游农业灌溉的分水比例,制定潘家口水库在不同预警灯号下的供水应变措施,如表 7.4 所示。

表 7.4　不同预警灯号下潘家口水库的供水应变措施

供水预警指标	灯号	天津供水	唐山供水	滦河下游农业供水
$0 \leqslant SAI \leqslant 1$	绿灯(G)	满足生活、工业供水	满足生活、工业供水	6.6 亿 m³
$1 \leqslant SAI \leqslant 1.5$	蓝灯(B)	满足生活、工业供水	满足生活供水,工业供水减小 5%左右	6.4 亿 m³
$1.5 \leqslant SAI \leqslant 2$	黄灯(Y)	满足生活供水,适当减少工业供水,生活工业总供水量为 10 亿 m³	满足生活供水,适当减少工业供水,生活工业总供水量为 3.2 亿 m³	6.3 亿 m³
$2 \leqslant SAI \leqslant 2.5$	橙灯(O)	满足生活供水,适当减少工业供水,限制大型用水户不急用水量;生活工业总供水量为 8 亿 m³	满足生活供水,适当减少工业供水,停用大型用水户不急用水量;生活工业总供水量为 3.1 亿 m³	3.9 亿 m³
$2.5 \leqslant SAI \leqslant 3$	红灯(R)	尽量满足生活供水,适当减少工业供水,停用大型用水户不急用水量;生活工业总供水量为 6.6 亿 m³	尽量满足生活供水,适当减少重要工业供水,对次用工业用水禁用;生活工业总供水量为 3 亿 m³	1.4 亿 m³

7.5　供水预警系统的风险和准确度分析

7.5.1　供水预警的风险分析

风险泛指在特定的环境下,系统中发生非期望事件。对于本书建立的供水预警系统的风险[111]是指计算的期望预警灯号与相应来水概率不符事件。如果来水较丰或来水较平稳,则预警灯号比较容易确定,且一般与实际情况比较符合,但当来水存在潜在的较大的变化,例如,来水频率从丰水年 10%(记为 Q_{10})到枯水年 95%(记为 Q_{95})得灯号从绿灯(G)到红灯(R),则最后就很难做预警决策。因此,要对预警系统进行风险分析。

假设未来 T_0 个时段,其来水概率从 Q_5 到 Q_{95} 之间变换,则在 t 时段,对于不同来水概率的预警指标描述见表 7.5。

表 7.5　不同时段各来水概率的供水预警分析

来水情况 θ_i	不同来水概率 $p_t(\theta_i)$	SAI($t=1$)	SAI($t=2$)	$\cdots$	SAI($t=n$)
Q_5	$P_t(Q_5)$	$\log_5(D_1S_1^2)_{Q_5}$	$\log_5(D_2S_2^2)_{Q_5}$	$\cdots$	$\log_5(D_nS_n^2)_{Q_5}$
Q_{10}	$P_t(Q_{10})$	$\log_5(D_1S_1^2)_{Q_{10}}$	$\log_5(D_2S_2^2)_{Q_{10}}$	$\cdots$	$\log_5(D_nS_n^2)_{Q_{10}}$
Q_{20}	$P_t(Q_{20})$	$\log_5(D_1S_1^2)_{Q_{20}}$	$\log_5(D_2S_2^2)_{Q_{20}}$	$\cdots$	$\log_5(D_nS_n^2)_{Q_{20}}$
$\cdots$	$\cdots$	$\cdots$	$\cdots$		$\cdots$
Q_{95}	$P_t(Q_{95})$	$\log_5(D_1S_1^2)_{Q_{95}}$	$\log_5(D_2S_2^2)_{Q_{95}}$	$\cdots$	$\log_5(D_nS_n^2)_{Q_{95}}$

由表 7.5 可知,期望的供水预警指标 SAI 可表达为

$$E(\text{SAI}) = \sum_{t=1}^{n} W_t \sum_{\theta_i=Q_5}^{Q_{95}} p_t(\theta_i) \log_5 (D_t S_t^2)_{\theta_i} \qquad (7.16)$$

权重的确定拟通过退水曲线的概念,t 时段的影响权重 W_t 可表示为

$$W_t = \frac{e^{-\lambda(t-1)}}{\sum\limits_{t=1}^{T_0} e^{-\lambda(t-1)}} \qquad (7.17)$$

式中:W_t 为 t 时段的供水预警指标权重,其中 $0 \leqslant W_t \leqslant 1$,$\sum\limits_{t=1}^{T_0} W_t = 1$,$T_0$ 为未来的时段数。

随着时段 t 的向后推移,其对预警灯号的影响将是逐渐递减的,则递减状态可由图 7.1 描述。

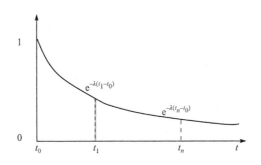

图 7.1　考虑未来时间影响的递减状态

由图 7.2 可以看出，当 $t=1$ 时（本书指未来第 1 个月），W_1 随着参数 λ 的增加逐渐上升；当 $t=2$ 和 $t=3$（即在未来第 2 个和第 3 个月）时，W_2 和 W_3 随着参数 λ 的增加逐渐下降，且 W_3 的下降速度更快，这说明越是面临时段对供水预警指标和灯号的影响越大，但也不能忽视未来几个时段对预警系统的影响，因此对于参数 λ 的选择关系到供水预警灯号确定。综上分析，同时根据图 7.1 和图 7.2 取退水常数的参数 $\lambda=0.2$，即考虑面临时段的对预警的影响程度，又注重未来时段对权重的作用，此时 $W_1=0.40$，$W_2=0.33$，$W_3=0.27$。

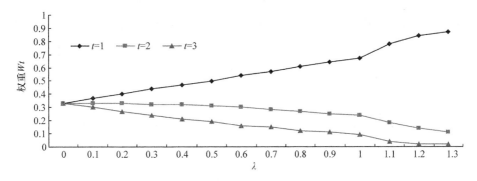

图 7.2　权重随参数 λ 的变化情况

根据上述指标的计算，可建立未来时段的水库供水预警决策系统，在未来时段内，考虑到时距的影响，当未来 t 时刻累计概率为 P，未来水情情势为 θ_t 时，可得到含时间效应的供水调度预警指标，如式（7.18）所示：

$$SAI_p = \frac{e^{-\lambda(t-1)}}{\sum\limits_{t=1}^{T_0} e^{-\lambda(t-1)}} \sum\limits_{t=1}^{T_0} \left[\log_5 (D_t \times S_t^2)_{\theta t} \right] \qquad (7.18)$$

7.5.2　供水预警的准确度分析

应用矩形方阵对供水预警系统准确度进行分析,以表 7.6 中实例进行具体说明和介绍。

表 7.6　潘家口水库 1956~2000 年供水预警灯号准确度矩阵

| (计算)预测 | 实际灯号(j) | | | | | CA_i/% |
灯号 i	G	B	Y	O	R	
G	355	32	13	4	0	87.87
B	13	18	16	9	8	28.12
Y	6	5	8	14	6	20.51
O	5	0	4	10	3	45.45
R	0	2	2	1	6	54.54
PA_j/%	93.67	31.58	18.60	26.31	26.08	

此方形矩阵中,假设计算的预警灯号用 i 表示($i=1,2,3,4,5$),分别代表灯号(G,B,Y,O,R),实际灯号用 j 表示,同理($j=1,2,3,4,5$)分别代表灯号(G,B,Y,O,R)。显然当 $i=j$ 时,表明计算灯号与实际情况相符;当 $i<j$ 时,表明计算的预测灯号过于理想化,实际的缺水程度比较高;当 $i>j$ 时,表明计算的预测灯号过于保守,实际比预期的缺水程度轻。

预警的整体准确度(overall accuracy,OA)可用式(7.19)进行描述:

$$OA = \frac{\sum\limits_{i=1}^{5} x_{ii}}{N} \qquad (7.19)$$

式中:N 指灯号的总体数目 $N = \sum\limits_{i=1}^{5} \sum\limits_{j=1}^{5} x_{ij}$,对于表 7.6 的例子中,1956~2000 年共 45 年以月为计算单位时,$N=12 \times 45 = 540$。

表 7.6 中,OA=73.52%。

第 i 个灯号的准确度(calculation accuracy,CA)用式(7.20)进行描述:

$$CA_i = \frac{x_{ii}}{\displaystyle\sum_{j=1}^{5} x_{ij}}, \quad \forall i \tag{7.20}$$

第 j 个灯号的准确度（produce accuracy，PA）用式（7.21）进行描述：

$$PA_j = \frac{x_{jj}}{\displaystyle\sum_{i=1}^{5} x_{ij}}, \quad \forall j \tag{7.21}$$

当 $i<j$ 时，我们称之为低估误差（underestimate rate，UR），可用式（7.22）进行描述：

$$UR = \frac{\displaystyle\sum_{\forall i}\sum_{\forall j} x_{ij}}{N}, \quad i<j \tag{7.22}$$

表 7.6 中，UR＝19.44％。

当 $i>j$ 时，我们称之为高估误差（overestimate rate，OR），可用式（7.23）进行描述：

$$OR = \frac{\displaystyle\sum_{\forall j}\sum_{\forall i} x_{ij}}{N}, \quad i>j \tag{7.23}$$

表 7.6 中，OR＝7.04％。

由式（7.19）、式（7.22）、式（7.23）可知 OA＋UR＋OR＝1。其中 UR 和 OR 在方阵中分别在上三角和下三角，可用图 7.3 抽象地表示出来。

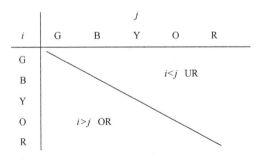

图 7.3　UR 和 OR 分布抽象图

当 UR>OR 时,预测得比较乐观但比较冒险;当 UR<OR 时,预测得比较悲观但比较保守,本书用风险指数(risk index,RI)表示决策者的态度,如式(7.24)所示:

$$RI = \sum_{\forall i} \sum_{\forall j} (i-j) \cdot x_{ij} \tag{7.24}$$

其中,$|i-j|$ 表示 x_{ij} 的权重,$|i-j|$ 的值越大,表示预测的预警灯号与实际的预警灯号差别越大,反之则差别越小。例如,x_{53} 表示预测的预警灯号为红灯(R),而实际的预警灯号为黄灯(Y),预测和实际相差 2 个灯号程度。当 $i<j$ 时,RI<0 表示低估预测比较冒险;当 $i=j$ 时,RI=0 表示比较中立;当 $i>j$ 时,RI>0 表示高估预测比较保守。表 7.6 中,RI=−97。

7.6　实例分析

以潘家口水库为例,对本书建立的供水预警系统进行计算和分析。

图 7.4 为潘家口水库入库径流超越机率曲线;图 7.5 为潘家口水库供水调度操作规线。

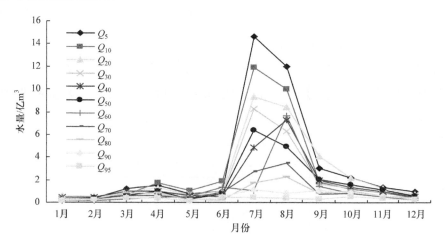

图 7.4　潘家口水库入库径流超越概率曲线

本书以 1995 年为例,对潘家口水库现状供水指标 D、未来供水水情指标 S 和供水预警指标 SAI 进行计算,并对 1996 年 1~3 月份水库

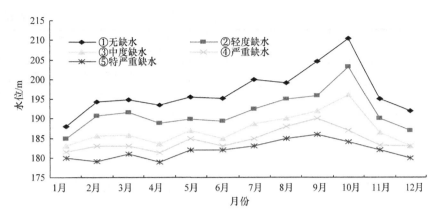

图 7.5　潘家口水库供水调度操作规线

供水情势进行实时调度，计算结果见表 7.7 和表 7.8。

表 7.7　1995 年潘家口水库现状供水分析

1995 年情况	1月	2月	3月	4月	5月	6月	7月	8月	9月	10月	11月	12月
水库水位/m	188	192	194	198	200	212	214	216	213	196	200	208
水库有效蓄水/%	23.45	28.76	31.78	37.88	40.95	65.37	70.28	75.19	67.82	34.85	40.95	56.55
入库水量/亿 m³	0.40	0.42	0.69	0.82	1.05	1.10	4.27	9.03	2.70	2.57	1.45	0.74
入库超越概率/%	18.60	25.32	11.98	35.20	44.64	23.76	58.29	91.42	83.19	76.33	67.20	59.30
现状供水指标 D	3	3	2	2	2	1	1	1	1	2	2	3

表 7.8　1995 年 12 月未来三个月水库供水调度情况分析（$T_0 = 3$）

θ_i	$t=1$ （1月）			$t=2$ （2月）			$t=3$ （3月）		
	$P_1(\theta_i)$	$\Sigma P_1(\theta_i)$	SAI	$P_1(\theta_i)$	$\Sigma P_1(\theta_i)$	SAI	$P_1(\theta_i)$	$\Sigma P_1(\theta_i)$	SAI
Q_{10}	5.20%	5.20%	0.43	8.40%	8.40%	0.43	6.70%	6.70%	0.86
Q_{20}	11.20%	16.40%	0.43	13.80%	22.20%	0.86	12.30%	19%	1.36
Q_{30}	5.60%	22.00%	0.68	6.30%	28.50%	1.29	6.20%	25.20%	1.36
Q_{40}	6.40%	28.40%	1.29	10.40%	38.90%	1.29	20.40%	45.60%	1.36
Q_{50}	13.50%	41.90%	1.29	13.60%	52.50%	1.29	15.70%	57.40%	1.36
Q_{60}	20.58%	62.48%	1.29	7.10%	59.60%	1.29	11.80%	73.10%	1.72
Q_{70}	12.31%	74.79%	1.29	6.20%	65.80%	1.36	7.80%	**80.90%**	**1.80**
Q_{80}	6.45%	**81.24%**	**1.36**	15.30%	**81.10%**	**1.36**	6.50%	87.40%	1.80

θ_i	$t=1$ （1月）			$t=2$ （2月）			$t=3$ （3月）		
	$P_1(\theta_i)$	$\Sigma P_1(\theta_i)$	SAI	$P_1(\theta_i)$	$\Sigma P_1(\theta_i)$	SAI	$P_1(\theta_i)$	$\Sigma P_1(\theta_i)$	SAI
Q_{90}	12.36%	94%	1.36	10.80%	92%	1.80	5.60%	93%	1.86
Q_{95}	6.40%	100%	1.36	8.10%	100%	1.80	7%	100%	1.86
$E(SAI)_t$	1.13			10.26			1.51		
权重 W_t	0.40			0.33			0.27		

将表 7.8 中计算结果代入式（7.24），得到的期望的供水预警指标 SAI 为

$$E(\text{SAI}) = \sum_{t=1}^{n} W_t \sum_{\theta_i=Q_5}^{Q95} p_t(\theta_i) \log_5 (D_t S_t^2)_{\theta_i}$$

$$= 0.4 \times 1.13 + 0.33 \times 1.26 + 1.97 \times 1.51 = 1.28$$

将表 7.8 中计算结果代入式（7.26），则未来三个月累计概率 $P=80\%$ 时水库供水预警指标为

$$\text{SAI}_{80\%} = 0.4 \times 1.36 + 0.33 \times 1.36 + 0.27 \times 1.80 = 1.48$$

同理，计算可得 $\text{SAI}_{70\%}=1.43$；$\text{SAI}_{90\%}=1.62$；$\text{SAI}_{100\%}=1.64$，说明累计概率越大，则供水预警指标越保守（图 7.6 有进一步说明）。

由表 7.7 可以看出，在 1995 年 12 月份潘家口水库的水位为 208m，占水库有效蓄水的 56.55%，根据表 7.8 的计算得出期望的供水预警指标 $E(\text{SAI})=1.28$，灯号为蓝灯（$1<\text{SAI}\leqslant1.5$），与实际供水情况相符，根据表 7.4 的供水应变措施，此时满足天津的生活和工业用水，满足唐山的生活供水，对唐山工业供水减少 5% 左右，对滦河下游农业供水 6.4 亿 m^3。

（1 月、2 月、3 月）出现绿灯 G（$0<\text{SAI}\leqslant1$）的概率为（22.00%、22.20%、6.70%），出现蓝灯 B（$1<\text{SAI}\leqslant1.5$）的概率为（78.00%、58.90%、54.60%），出现黄灯 Y（$1.5<\text{SAI}\leqslant2$）的概率为（0%、18.90%、38.70%），灯号从绿灯 G 变化到黄灯 Y，而且出现蓝灯 B 的概率最高，此时未来三个月的供水预警灯号相应地比较好判断，最终确定为蓝灯 B，且此时计算值与实际情况相符。

下面计算 1997 年 2 月未来三个月的供水预警情况（表 7.9）。

表 7.9 1997 年 2 月未来三个月水库供水调度情况分析($T_0=3$)

θ_i	$t=1$ （3月）			$t=2$ （4月）			$t=3$ （5月）		
	$P_1(\theta_i)$	$\Sigma P_1(\theta_i)$	SAI	$P_1(\theta_i)$	$\Sigma P_1(\theta_i)$	SAI	$P_1(\theta_i)$	$\Sigma P_1(\theta_i)$	SAI
Q_{10}	8.50%	8.50%	0.86	5.40%	5.40%	0.43	5.60%	5.60%	1.29
Q_{20}	11.20%	19.70%	1.86	7.20%	12.60%	1.29	4.90%	10.50%	2.05
Q_{30}	15.30%	35.00%	1.86	11.40%	24.00%	1.29	13.80%	24.30%	2.41
Q_{40}	20.40%	55.40%	2.37	16.70%	40.70%	1.72	10.20%	34.50%	2.41
Q_{50}	9.40%	64.80%	2.37	6.10%	46.80%	1.72	5.60%	40.10%	2.43
Q_{60}	10.50%	75.30%	2.37	13%	60.00%	2.41	7.90%	48.00%	2.43
Q_{70}	4.20%	**79.50%**	**2.37**	20.50%	**80.50%**	**2.41**	20.40%	68.40%	2.43
Q_{80}	11.80%	91.30%	2.37	7.60%	88.10%	2.41	15.30%	**83.70%**	**2.72**
Q_{90}	5.30%	96.60%	2.37	4.50%	92.60%	2.41	6.80%	90.50%	3
Q_{95}	3.40%	100.00%	2.37	7.40%	100.00%	2.41	9.50%	100.00%	3
$E(SAI)_t$	2.08			1.93			2.48		
权重 W_t	0.40			0.33			0.27		

将表 7.9 中计算结果代入式(7.24)，得到的期望的供水预警指标 SAI 为

$$E(SAI) = \sum_{t=1}^{n} W_t \sum_{\theta_i=Q_5}^{Q_{95}} p_t(\theta_i) \log_5 (D_t S_t^2)_{\theta_i}$$
$$= 0.4 \times 2.08 + 0.33 \times 1.93 + 0.27 \times 2.48 = 2.14$$

将表 7.9 中计算结果代入式(7.26)，则未来三个月累计概率 $P=80\%$ 时水库供水预警指标为

$$SAI_{80\%} = 0.4 \times 2.37 + 0.33 \times 2.41 + 0.27 \times 2.72 = 2.48$$

同理，计算可得 $SAI_{70\%}=2.40$，$SAI_{90\%}=2.55$，$SAI_{100\%}=2.55$，说明累计概率越大，供水预警指标越保守(图 7.6 有进一步说明)。

在 1997 年 2 月份潘家口水库的水位为 187m，占水库有效蓄水的 22.36%，现状等级 D 为 3。根据表 7.9 的计算得出期望的供水预警指标 $E(SAI)=2.14$，灯号为橙灯($2<SAI\leqslant2.5$)，与实际供水情况相符，根据表 7.4 供水应变措施，此时对于天津满足生活供水，适当减少工业供水，限制大型用水户不急用水量，生活工业总供水量为 8 亿 m^3；对于唐山满足生活供水，适当减少工业供水，停用大型用水户不急用水量，

生活工业总供水量为 3.1 亿 m³；滦河下游农业供水 3.9 亿 m³。

3 月、4 月、5 月出现绿灯 G（0＜SAI≤1）的概率为 8.50％、5.40％、0，出现蓝灯 B（1＜SAI≤1.5）的概率为 0、18.60％、5.60％，出现黄灯 Y（1.5＜SAI≤2）的概率为 26.5％、41.4％、0，出现橙灯 O（2＜SAI≤2.5）的概率为 65.00％、53.00％、62.80％，出现红灯 R（2.5＜SAI≤3）的概率为 0、0、31.60％。灯号从绿灯 G 变化到红灯 R，未来三个月的最终灯号难以判断，但出现橙灯 O 的概率最高，而出现黄灯 Y 的等级也较高；同时，根据对 5 月份以后来水的预测和分析，其来水较干旱，结合以上不同概率的供水预警灯号分析，最终确定未来三个月为橙灯 O，且计算值与实际情况相符。

对 1998 年 2 月未来三个月的供水预警分析如下（表 7.10）。

表 7.10　1998 年 2 月未来三个月水库供水调度情况分析（$T_0 = 3$）

θ_i	$t=1$（3 月）			$t=2$（4 月）			$t=3$（5 月）		
	$P_1(\theta_i)$	$\Sigma P_1(\theta_i)$	SAI	$P_1(\theta_i)$	$\Sigma P_1(\theta_i)$	SAI	$P_1(\theta_i)$	$\Sigma P_1(\theta_i)$	SAI
Q_{10}	1.50％	1.50％	0.43	11.30％	11.30％	0.68	6.40％	6.40％	0.43
Q_{20}	2.50％	4.00％	0.43	10.60％	21.90％	1	4.30％	10.70％	0.86
Q_{30}	9.30％	13.30％	0.86	7.20％	29.10％	1.29	12.60％	23.30％	2.05
Q_{40}	12.70％	26.00％	1.54	5.10％	34.20％	1.29	21.10％	44.40％	2.05
Q_{50}	15.60％	41.60％	1.86	21.50％	55.70％	1.29	9.80％	54.20％	2.05
Q_{60}	23.40％	65.00％	1.86	13.60％	69.30％	1.8	6.30％	60.50％	2.23
Q_{70}	14.30％	**79.30％**	**1.86**	7.90％	77.20％	1.8	7.20％	67.70％	2.23
Q_{80}	6.70％	86.00％	1.86	3.20％	**80.40％**	**2.05**	8.50％	**76.20％**	**2.41**
Q_{90}	8.20％	94.20％	1.86	10.60％	91.00％	2.05	20.60％	96.80％	2.43
Q_{95}	5.80％	100.00％	1.86	9.00％	100.00％	2.05	3.20％	100.00％	2.43
$E(\text{SAI})_t$	1.66			1.47			2.04		
权重 W_t	0.40			0.33			0.27		

将表 7.10 中计算结果代入式（7.24），得到的期望的供水预警指标 SAI 为

$$E(\text{SAI}) = \sum_{t=1}^{n} W_t \sum_{\theta_i = Q_5}^{Q_{95}} p_t(\theta_i) \log_5 (D_t S_t^2)_{\theta_i}$$

$$= 0.4 \times 1.66 + 0.33 \times 1.47 + 0.27 \times 2.04 = 1.70$$

将表 7.10 中计算结果代入式(7.26),则未来三个月累计概率 $P=$ 80%时水库供水预警指标为

$$\text{SAI}_{80\%}=0.4\times1.86+0.33\times2.05+0.27\times2.41=2.07$$

同理,计算可得 $\text{SAI}_{70\%}=1.94$,$\text{SAI}_{90\%}=2.08$,$\text{SAI}_{100\%}=2.08$,说明累计概率越大,则供水预警指标越保守(图 7.6 有进一步说明)。

在 1998 年 2 月份潘家口水库的水位为 195m,占水库有效蓄水的 33.36%,现状等级 D 为 2。根据表 7.10 的计算得出期望的供水预警指标 $E(\text{SAI})=1.70$,灯号为黄灯$(1.5<\text{SAI}\leqslant2)$,根据表 6.4 的供水应变措施,此时对于天津满足生活供水,适当减少工业供水,生活工业总供水量为 10 亿 m^3;对于唐山满足生活供水,适当减少工业供水,生活工业总供水量为 3.2 亿 m^3,滦河下游农业供水 6.3 亿 m^3。而实际的预警灯号为橙灯 $O(2<\text{SAI}\leqslant2.5)$,此时对于天津满足生活供水,适当减少工业供水,限制大型用水户不急用水量,生活工业总供水量为 8 亿 m^3;对于唐山满足生活供水,适当减少工业供水,停用大型用水户不急用水量,生活工业总供水量为 3.1 亿 m^3;滦河下游农业供水 3.9 亿 m^3。

3 月、4 月、5 月出现绿灯 $G(0<\text{SAI}\leqslant1)$ 的概率为 13.30%、21.90%、10.70%,出现蓝灯 $B(1<\text{SAI}\leqslant1.5)$ 的概率为 0、33.80%、0,出现黄灯 $Y(1.5<\text{SAI}\leqslant2)$ 的概率为 86.7%、21.5%、0,出现橙灯 $O(2<\text{SAI}\leqslant2.5)$ 的概率为 0、22.80%、89.30%,没有红灯 R 出现,灯号从绿灯 G 变化到橙灯 O,未来三个月的最终灯号难以判断,且黄灯 Y 与橙灯 O 出现的概率相差不多,此时预警灯号的确定取决于对未来的水文预报及决策者的风险态度。

如第 6 章中实时调度所述:水文预报受多方面因素的影响,水文预报精度不可避免地存在一定的误差,而且对于一次水文预报来说,面临时段的预测精度较高,越到预测时段后期,其误差越大。对未来三个月(3 月、4 月、5 月)的预报来水较枯,3 月、4 月、5 月的水位分别为 190m、187m、192m,占水库有效蓄水的 25.73%、22.36%、28.76%。基于水库供水均匀及减少供水区缺水破坏深度的原则,3 月、4 月、5 月应在黄色预警灯号的基础上减少供水,而应供与实际灯号橙灯 O 相应的水量。对于决策者来水,希望全面掌握系统的发展趋势,希望预见期越长越

好。目前,再先进的预测手段和技术,都难以将未来很长一段时间水文发展进程预测准确,预报期越长误差越大,如果预测准确度和精度提高,则供水预警系统灯号确定的准确度也将随之进一步提高。

由于篇幅有限,每年的供水预警计算过程不再一一列出。经过以上供水预警系统的分析与计算,对供水预警系统的准确率进行分析,表7.11为1956～2000年潘家口水库不同概率的供水预警系统的准确率分析;图7.6为潘家口水库不同累计概率的准确度变化;图7.7为潘家口水库不同累计概率的丰平枯水年整体准确度变化。

表 7.11　1956～2000 年潘家口水库不同概率的供水预警系统的准确率分析

累计概率 P	绿灯(G)		蓝灯(B)		黄灯(Y)		橙灯(O)		红灯(R)		OA /%	RI
	CA/%	PA/%	CA/%	PA/%	CA/%	PA/%	CA/%	PA/%	CA/%	PA/%		
0.01	72.53	96.43	0.00	0.00	3.57	0.87	12.34	3.20	20.43	5.32	71.58	−267
0.1	75.68	95.32	0.00	0.00	6.78	6.49	18.21	6.91	27.04	9.19	72.37	−219
0.2	76.36	95.41	7.92	10.54	12.39	10.24	20.01	11.93	35.66	15.42	73.09	−205
0.3	78.59	95.28	10.38	15.23	25.64	15.36	25.30	15.51	43.01	18.63	74.26	−153
0.4	80.42	93.65	26.75	30.35	28.72	31.42	27.18	20.36	45.81	20.17	75.91	−122
0.5	83.78	92.57	18.54	43.86	30.47	28.91	34.42	23.89	50.92	22.25	79.12	−84
0.6	86.29	92.80	25.69	32.67	27.36	24.02	38.97	27.60	56.87	28.06	79.26	−72
0.7	87.07	90.64	34.73	35.78	34.81	35.83	50.81	30.41	60.42	30.41	77.30	127
0.8	90.25	88.52	41.24	32.51	45.62	40.65	46.23	41.32	49.32	36.26	70.31	176
0.9	93.16	74.39	32.69	31.49	41.25	29.12	31.02	33.21	35.64	40.99	65.29	204
0.95	96.92	65.27	25.36	29.36	27.71	19.90	36.88	38.64	32.66	53.28	63.14	283
0.99	97.88	63.92	24.51	28.55	26.82	12.53	32.62	32.95	37.21	56.32	61.43	351
期望值	87.87	93.67	28.12	31.58	20.51	18.60	45.45	26.31	54.54	26.08	73.52	−97

表7.11描述了在不同累计概率 P 下,1956～2000 年的供水预警系统整体准确率、第 i 个灯号准确度(CA)、第 j 个灯号准确度(PA)及风险指数 RI。当累计概率 $P=0.6$ 时,整体准确度最高为 79.26%,当累计概率 $P=0.5$ 时,整体准确率也较高为 79.12%,当累计概率 $P=0.99$ (RI=351)时,其整体准确率最低为 61.43%;当累计概率 $P=0.01$ 时,绿灯的第 j 个灯号准确度 PA 达到最高值 PA=96.43,这是因为实际绿灯(G)灯号为 379(见表 7.6),占总灯号(540)的很大比重,所以当

$P=0.01$ 时,会选择绿灯(G)为预警灯号。

图 7.6 表明,不同累计概率 P 对应着不同的整体准确度(OA)、低估误差(UR)和高估误差(OR)。表 7.11 和图 7.6 表明,累计概率在 $0.6 \leqslant P \leqslant 0.7$ 时,UR=OR,即此时 RI=0 表示预测的实际情况相符。同时可以看出,当 $P<0.6$ 时,RI<0 表示低估预测比较冒险;当 $P>0.7$ 时,RI>0 表示高估预测比较保守。则累计概率 P 越大则越保守,所以图 7.6 表明,当 $P=0.99$ 时,高估误差 OR 达到最大值 37.1%。

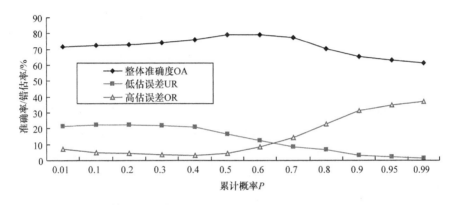

图 7.6　潘家口水库不同累计概率的准确度变化

图 7.7 为潘家口水库不同累计概率 P 对应的丰水年、平水年和枯水年的整体准确率分析。图中表明,丰水年的整体准确率比较高,一般

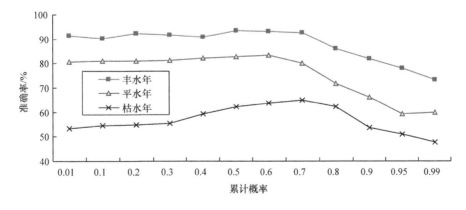

图 7.7　潘家口水库不同累计概率的丰平枯水年整体准确度变化

在 90%～80%；平水年的整体准确率次之,大部分在 80%～70%；而枯水年的整体准确度最低,尤其在累计概率 $P<0.5$ 时,准确率更低,当 $0.5\leqslant P\leqslant 0.8$ 时,枯水年的整体准确率稍有所提高。说明当水库来水较丰较稳定时,预警灯号较容易判断且准确率较高；来水较枯时,或存在潜在的较大变化时,很难作出预警决策,则预警的准确率较低。

7.7　小　　结

　　如何将水库供水调度理论更好地应用于实际是目前亟待解决的关键问题,本章提出的水库供水调度预警系统,充分考虑供水调度的实时性和不确定性的同时避免了因来用水预报误差而影响供水调度效果,结合水库供水调度操作规线,应用模糊数学理论和信息熵等原理,建立水库现状供水评价指标 D 和水库未来水情指标 S,确定水库供水预警灯号数及供水预警指标 SAI。同时,以潘家口水库为例,制定了不同预警灯号的供水应变措施；并对供水预警系统的风险进行分析和计算；根据对多年供水预警系统方面的计算,分析了供水预警系统的准确率和错估率。计算表明,水库供水预警系统可以对未来水库供水进行实时调度,避免以往供水实时调度中对参数循环往复的修正,为水库供水调度提供了一种新途径,能为科学、合理地制定水库群供水策略提供优化与决策依据,对于降低供水调度风险、提高水资源利用率,具有重要的理论意义与应用前景。

参 考 文 献

[1] Labadie J W. Optimal operation of multireservoir systems:state-of-the-art review[J]. Journal of Water Resources Planning and Management,2004,130(2):93-111.

[2] 郭旭宁,胡铁松,曾祥,等. 基于二维调度图的双库联合供水调度规则研究[J]. 华中科技大学学报（自然科学版）,2011,39(10):121-124.

[3] 张皓天. 受水区供水水库（群）优化调度方法研究及应用[D]. 大连:大连理工大学,2013.

[4] 刘莎. 跨流域引水后受水水库优化调度图研究[D]. 大连:大连理工大学,2013.

[5] 许银山,梅亚东,钟壬琳,等. 大规模混联水库群调度规则研究[J]. 水力发电学报,2011,30(2):20-25.

[6] 曾祥,胡铁松,郭旭宁,等. 跨流域供水水库群调水启动标准研究[J]. 水利学报,2013,44(3):253-261.

[7] 李昱,彭勇,初京刚,等. 复杂水库群共同供水任务分配问题研究[J]. 水利学报,2015,1:83-90.

[8] 郭旭宁,胡铁松,吕一兵,等. 跨流域供水水库群联合调度规则研究[J]. 水利学报,2012,43(7):757-766.

[9] 谷长叶,韩义超,曾翔,等. 基于二层规划模型水库有序供水调度规则研究[J]. 中国农村水利水电,2013,8:50-54.

[10] Stackelberg H. The Theory of the Market Economy ［M］. Oxford:Oxford University Press,1982.

[11] 刘坤. 电力定价中的三层规划模型[J]. 宜宾学院学报,2012,12(12):39-42.

[12] 王德智,董增川. 供水库群的聚合分解协调模型[J]. 河海大学学报（自然科学版）,2006,34(6):622-626.

[13] 郭旭宁,胡铁松,黄兵,等. 基于模拟-优化模式的供水水库群联合调度规则研究[J]. 水利学报,2011,42(6):705-712.

[14] 吴恒卿,黄强,徐炜,等. 基于聚合模型的水库群引水与供水多目标优化调度[J]. 农业工程学报,2016,32(1):140-146.

[15] Turgeon A. A decomposition method for the long-term scheduling of reservoirs in series ［J］. Water Resource Research,1981,17(6):1565-1570.

[16] 李昱,彭勇,初京刚,等. 复杂水库群共同供水任务分配问题研究[J]. 水利学报,2015,1:83-90.

[17] Nalbantis I,Koutsoyiannis D . A parametric rule for planning and management of multiple-

reservoir systems[J]. Water Resource Research, 1997, 33(9): 2165-2177.

[18] Chang L C, Chang F J. Multi-objective evolutionary algorithm for operating parallel reservoir system[J]. Journal of Hydrology, 2009, 377(1): 12-20.

[19] 方洪斌, 胡铁松, 曾祥, 等. 基于平衡曲线的并联水库分配规则[J]. 华中科技大学学报(自然科学版), 2014, 42(7): 44-49.

[20] 胡铁松, 方洪斌, 曾祥, 等. 双库并联系统蓄水量空间分布特性研究[J]. 水利学报, 2014, 46(10): 1156-1164.

[21] 曾祥, 胡铁松, 郭旭宁, 等. 并联供水水库解析调度规则研究Ⅱ: 多阶段模型与应用[J]. 水利学报, 2014, 45(9): 1120-1126, 1133.

[22] Kjeldsen T R, Rosbjerg D. Choice of reliability, resilience and vulnerability estimators for risk assessments of water resources systems[J]. Hydrological Sciences Journal, 2004, 49(5): 755-767.

[23] 付湘, 刘庆红, 吴世东. 水库调度性能风险评价方法研究[J]. 水利学报, 2012, 8: 987-990, 998.

[24] 王丽萍, 黄海涛, 张验科, 等. 水库多目标调度风险决策技术研究[J]. 水力发电, 2014, 3: 63-66.

[25] Huang W C, Hsieh C L. Real-time reservoir flood operation during typhoon attacks[J]. Water Resources Research, 2010, 46(10): 1-11.

[26] 陈娟, 钟平安, 徐斌. 基于随机微分方程的水库防洪调度风险分析[J]. 河海大学学报(自然科学版), 2013, 5: 400-404.

[27] Tuncok I K. Transboundary river basin flood forecasting and early warning system experience in Maritza River basin between Bulgaria and Turkey [J]. Natural Hazards, 2015, 75: 191-214.

[28] Fang S F, Xu L D, Zhu Y Q, et al. An integrated information system for snowmelt flood early-warning based on internet of things[J]. Information Systems Frontiers, 2015, 17(2): 321-335.

[29] 李克飞. 水库调度多目标决策与风险分析方法研究[D]. 北京: 华北电力大学, 2013.

[30] 曲晓宁. 电力市场环境下梯级水库发电调度风险预警系统研究[D]. 郑州: 郑州大学. 2013.

[31] Zhang Q, Zhang J Q, Wang C Y, et al. Risk early warning of maize drought disaster in Northwestern Liaoning Province, China[J]. Natural Hazards, 2014, 72(2): 701-710.

[32] Liu Z, Huang W C. Drought early warning in irrigation area by integrating surface water and groundwater [J]. Paddy Water Environment, 2014, 13(2): 145-157.

[33] Spiridonov V, Curic M. A storm modeling system as an advanced tool in prediction of well organized slowly moving convective cloud system and early warning of severe weather risk[J]. Asia-Pacific Journal of Atmospheric Sciences, 2015, 51(1): 61-75.

[34] 常福宣,陈进,张洲英. 汉江中下游供水风险敏感性分析[J]. 长江科学院院报,2011,12: 98-102,117.

[35] 习树峰,王本德,梁国华,等. 考虑降雨预报的跨流域调水供水调度及其风险分析[J]. 中国科学:技术科学,2011,6:845-852.

[36] 郭旭宁,胡铁松,曾祥,等. 基于调度规则的水库群供水能力与风险分析[J]. 水利学报, 2013,44(6):664-672.

[37] 曹升乐,郭晓娜,于翠松,等. 水库供水过程预警方法研究[J]. 中国农村水利水电,2013, (9):56-59.

[38] 万芳,原文林,黄文政,等. 基于分级预警的水库供水风险及准确度研究[J]. 水力发电学报,2014,33(5):48-55.

[39] Li X G,Wei X. An improved genetic algorithm-simulated annealing hybrid algorithm for the optimization of multiple reservoirs[J]. Water Resources Management,2008,22(8): 1031-1049.

[40] Hosseinpourtehrani M,Ghahraman B. Optimal reservoir operation for irrigation of multiple crops using fuzzy logic[J]. Asian Journal of Applied Sciences,2011,(4):493-513.

[41] Ostadrahimi L,Mariño M A,Afshar A. Multi-reservoir operation rules:multi-swarm PSO-based optimization approach[J]. Water Resources Management,2012,26(2):407-427.

[42] Guo X N,Hu T S,Wu C L,et al. Multi-objective optimization of the proposed multi-reservoir operating policy using improved NSPSO [J]. Water Resour Manage,2013,27: 2137-2153.

[43] 黄草,王忠静,李书飞,等. 长江上游水库群多目标优化调度模型及应用研究 I :模型原理及求解[J]. 水利学报,2014,9:1009-1018.

[44] 彭安帮,彭勇,周惠成. 跨流域调水条件下水库群联合调度图的多核并行计算研究[J]. 水利学报,2014,11:1284-1292.

[45] 孙萧仲. 多供水需求下水库多年调节策略和 hedging 优化调度方法研究[D]. 天津:天津大学,2016.

[46] Li L P,Liu P,Rheinheimer D E,et al. Identifying explicit formulation of operating rules for multi-reservoir systems using genetic programming [J]. Water Resour Manage,2014,28 (6):1545-1565.

[47] 邱林,马建琴,王文川,等. 滦河下游水库群联合调度研究[M]. 郑州:黄河水利出版社,2009.

[48] 邱林,陈晓楠,王文川,等. 滦河流域水库群联合调度及三维仿真[M]. 北京:中国水利水电出版社,2010.

[49] 谢华,黄介生. 两变量水文频率分布模型研究述评[J]. 水科学进展,2008,19(3):443-452.

[50] 牛军宜,冯平,丁志宏. 基于多元 Copula 函数的引滦水库径流丰枯补偿特性研究[J]. 吉林大学学报(地球科学版),2009,39(6):1095-1100.

[51] 熊其玲,何小聪,康玲. 基于 Copula 函数的南水北调中线降水丰枯遭遇分析[J]. 水电能源科学,2009,27(6):9-11.

[52] 莫淑红,沈冰,张晓伟,等. 基于 Copula 函数的河川径流丰枯遭遇分析[J]. 西北农林科技大学学报(自然科学版),2009,37(6):131-136.

[53] 庄丹琴,孟飞. 基于 Bayes 的混合 Copula 构造[J]. 安徽工业大学学报(自然科学版),2011,28(2):188-191.

[54] 韦艳华,张世英. Copula 理论及其在金融分析上的应用[M]. 北京:清华大学出版社,2008.

[55] 孙玉刚. 灰色关联分析及其应用的研究[D]. 南京:南京航空航天大学,2007.

[56] 张本伟,陈瑞峰,孙峰. 基于灰色理论的海浪实时预报[J]. 船舶工程,2009,31:128-130.

[57] 陈元琳. 基于人工神经网络的动态系统仿真模型和算法研究[D]. 大庆:大庆石油学院,2006:15-37.

[58] 王晶,刘博,冯艳红. 蚁群神经网络在短期负荷预测的应用[J]. 计算机工程与设计,2008,29(7):1797-1837.

[59] 高洁. 可拓聚类预测方法及其在邮电业务总量预测中的应用[J]. 系统工程,2000,18(3):73-77.

[60] 沈航,邹平. 可拓聚类预测方法预测卷烟销售量[J]. 昆明理工大学学报(理工版),2006,31(3):95-98.

[61] Lorenz E N. Deterministic nonperodic flow[J]. Journal of Atmospheric Sciences,1963,20:130-141.

[62] 文政. 基于混沌-支持向量机的网络流量预测[D]. 郑州:郑州大学,2012.

[63] 张珏. 基于非线性理论的石泉和安康水文站径流及洪水规律挖掘[D]. 西安:西安理工大学,2009,4:51-64.

[64] 李彦彬,黄强,徐建新,等. 基于混沌支持向量机的河川径流预测研究[J]. 水力发电学报,2008,27(6):42-47.

[65] 尚松浩. 水资源系统分析方法及应用[M]. 北京:清华大学出版社,2006,192-201.

[66] 范瑛. 改进蚁群算法结合 BP 网络用于入侵检测[J]. 辽宁工程技术大学学报(自然科学版),2010,29(5):966-969.

[67] 梅红,王勇,赵荣齐. 基于蚁群优化的前向神经网络[J]. 武汉理工大学学报(交通科学与工程版),2009,33(3):531-533.

[68] 王义民,张珏. 基于混沌神经网络的径流预测模型[J]. 西北农林科技大学学报(自然科学版),2010,38(6):200-204.

[69] 邢文训,谢金星. 现代优化计算方法[M]. 北京:清华大学出版社,2005:172-193.

[70] Blum C,Dorigo M. Deception in ant colony optimization[C]. Ant Colony Optimization and Swarm Intelligence[M]. Berlin:Springer,2004,3172:118-129.

[71] 黄强,畅建霞. 水资源系统多维临界调控的理论与方法[M]. 北京:中国水利水电出版社,2007.

[72] 刘文亮. 基于遗传蚁群混合算法的水库优化调度研究[D]. 太原:太原理工大学,2008.

[73] 陈立华,梅亚东,杨娜,等. 混合蚁群算法在水库群优化调度中的应用[J]. 武汉大学学报 (工学版),2009,42(5):661-668.

[74] 郭生练,陈炯宏,刘攀,等. 水库群联合优化调度研究进展与展望[J]. 水科学进展,2010, 21(4):496-503.

[75] 黄强,黄文政,薛小杰,等. 西安地区水库供水调度研究[J]. 水科学进展,2005,16(6):881-886.

[76] Shiau J T,Lee H C. Derivation of optimal hedging rules for a water-supply reservoir through compromise programming[J]. Water Resources Management,2005,19:111-132.

[77] Fjerstad P A,Sikandar A S. Next generation parallel computing for large-scale reservoir simulation[C]. Proceedings of the SPE International Improved Oil Recovery Conference in Asia Pacific,2005:33-41.

[78] Chang F J,Chen L,Chang L C. Optimizing the reservoir operating rule curves by genetic algorithms[J]. Hydrological Processes,2005,19(11):2277-2289.

[79] 宗航,李承军,周建中,等.POA算法在梯级水电站短期优化调度中的应用[J].水电能源科 学,2003,21(1):46-48.

[80] 黄强,张洪波,原文林,等. 基于模拟差分演化算法的梯级水库优化调度图研究[J]. 水力 发电学报,2008,27(6):13-17,26.

[81] 赵永翔. 多目标差分演化算法的构造及其应用[J]. 武汉:武汉理工大学,2007.

[82] 张晓菲,张火明. 基于连续函数优化的禁忌搜索算法[J]. 中国计量学院学报,2010,21(3):251-256.

[83] 王民生. 禁忌搜索算法及其混合策略的应用研究[D]. 大连:大连交通大学,2005.

[84] 陈立华,梅亚东,董雅洁,等. 改进遗传算法及其在水库群优化调度中的应用[J]. 水利学 报,2008,39(5):550-556.

[85] 赵文举,马孝义,张建兴,等. 基于模拟退火遗传算法的渠系配水优化编组模型研究[J]. 水 力发电学报,2009,28(5):210-214.

[86] Yang X S,Suash D. Cuckoo search via Lévy Flights [C]. Proceedings of World Congress on Nature & Biologically Inspired Computing. Piscataway:IEEE Publications,2009:210-214.

[87] 郑洪清,周永权. 一种自适应步长布谷鸟搜索算法[J]. 计算机工程与应用,2013,49(10):68-71.

[88] 明波,黄强,王义民,等. 基于改进布谷鸟算法的梯级水库优化调度研究[J]. 水利学报,2015,46(3):341-349.

[89] 侯慧超. 布谷鸟优化算法改进及与粒子群算法融合研究[D]. 锦州:渤海大学,2014.

[90] Lim W C E,Kanagaraj G,Ponnambalam S G. A hybrid cuckoo search-genetic algorithm for hole-making sequence optimization[J]. Journal of Intelligent Manufacturing,2016,27(2):

417-429.

[91] Hansen P,Mladenović N,Perez-Britos D. Variable neighborhood decomposition search[J]. Journal of Heuristics,2001,7(4):335-350.

[92] 万芳,邱林,黄强. 水库群供水优化调度的免疫蚁群算法应用研究[J]. 水力发电学报, 2011,30(5):234-239.

[93] Shi Y,Eberhart R C. A modified particle swarm optimizer[C]. IEEE World Congress on Computation Intelligence,1998:69-73.

[94] 曾建潮,介婧,崔志华. 微粒群算法[M]. 北京:科学出版社,2004:13-17.

[95] Banks A,Vincent J,Anyakoha C. A review of particle swarm optimization. Part I:background and development[J]. Natural Computing,2007,6(4):467-484.

[96] Lin Y L,Chang W D,Hsieh J G. A particle swarm optimization approach to nonlinear rational filter modeling[J]. Expert Systems with Applications,2008,34(2):1194-1199.

[97] 黄文稠. 基于改进 PSO 调度模型的水电站发电量分析[J]. 西北水力发电,2007,23(2): 23-26.

[98] 王顺久,张欣莉,倪长键,等. 水资源优化配置原理及方法[M]. 北京:中国水利水电出版社,2007:156-170.

[99] Natalia A,Delgadillob A,Arroyo J M. A tri-level programming approach for electric grid defense planning [J]. Computers and Operations Research,2014,41:282-290.

[100] 张振安,黄少伟,梁易乐,等. 基于主从博弈的交直流混联系统主动防御策略设计[J]. 电工电能新技术,2015,34(10):10-16.

[101] 万芳,原文林,黄强,等. 基于免疫进化算法的粒子群算法在梯级水库优化调度中的应用[J]. 水力发电学报,2010,29(1):202-206,212.

[102] Teegavarapu R S V,Simonovic S P. Optimal operation of reservoir systems using simulated annealing[J]. Water Resources Management,2002,16(5):401-428.

[103] Turgeon A. Daily operation of reservoir subject to yearly probabilistic constraints[J]. Water Resources Planning and Management,2005,131(5):342-350.

[104] Huang W Z,Yang F T. Handy decision support system for reservoir operation in Taiwan [J]. Journal of the American Water Resources Association, 1999,35(5):1101-1112.

[105] 张静,黄国和,刘烨,等. 不确定条件下的多水源联合供水调度模型[J]. 水利学报,2009, 40(2):160-165.

[106] 万芳,黄强,邱林,等. 水库群供水调度预警系统研究及应用[J]. 水利学报,2011,42(10): 1161-1167.

[107] 黄强,黄文政,薛小杰,等. 西安地区水库供水调度研究[J]. 水科学进展,2005,16(6): 881-886.

[108] Ong S H,Biswas A,Peiris S,et al. Count distribution for generalized Weibull duration with applications[J]. Communications in Statistics:Theory and Methods,2015,44(19):

　　　　　4216-4403.

[109] 谢季坚,刘承平. 模糊数学方法及其应用[M]. 武汉:华中科技大学出版社,2005:
　　　　　143-165.

[110] 刘丙军,邵东国,曹卫锋. 基于信息熵原理的作物需水空间相似性分析[J]. 水利学报,
　　　　　2005,36(12):1439-1444.

[111] Huang W C,Chou C C. Risk-based drought early warning system in reservoir operation[J].
　　　　　Advances in Water Resources,2008,31(4):649-660.